Rachad K. F. M. Ali

Les forêts sacrées et Communautaires du Sud-Bénin

AF191672

Rachad K. F. M. Ali

Les forêts sacrées et Communautaires du Sud-Bénin

Conservation de la diversité floristique à travers les pratiques endogènes au Sud-Bénin

Presses Académiques Francophones

Cover image: www.ingimage.com

Publisher:
Presses Académiques Francophones
is a trademark of
International Book Market Service Ltd., member of OmniScriptum Publishing Group
17 Meldrum Street, Beau Bassin 71504, Mauritius

Printed at: see last page
ISBN: 978-3-8416-3331-6

Zugl. / Agréé par: Abomey-Calavi,Université d'Abomey-Calavi,2014

SOMMAIRE

SOMMAIRE 2

SIGLES ET ABRÉVIATIONS.. 3

DÉDICACE.. 4

REMERCIEMENTS... 5

RÉSUMÉ 7

ABSTRACT.. 8

INTRODUCTION GÉNERALÉ 9

PREMIÈRE PARTIE : CADRE THÉORIQUE, MILIEU D'ÉTUDE ET APPROCHE MÉTHODOLOGIQUE 12

CHAPITRE I : CADRE THÉORIQUE 13

CHAPITRE II : MILIEU D´ÉTUDE 19

CHAPITRE III : APPROCHE MÉTHODOLOGIQUE 28

DEUXIEME PARTIE : ÉTUDE DES PARAMÈTRES ÉCOLOGIQUES, DES PARAMÈTRES DENDROMÉTRIQUES ET IDENTIFICATION DES INDICATEURS DE MENACE ET DE PRESSION DES FORÊTS SACRÉES ET COMMUNAUTAIRES.................................... 48

CHAPITRE IV : ÉTUDE DES PARAMÈTRES ÉCOLOGIQUES......................... 49

CHAPITRE V : ÉTUDE DES PARAMÈTRES DENDROMÉTRIQUES 75

CHAPITRE VI : IDENTIFICATION DES INDICATEURS DE PRESSIONS 92

TROISIEME PARTIE : PERSPECTIVES DE DURABILITÉ DES FORÊTS SACRÉES ET COMMUNAUTAIRES 119

CHAPITRE VII : ÉVALUATION DES VALEURS SOCIOCULTURELLES ET ÉCONOMIQUES DES ESPÈCES VÉGÉTALES DES FORÊTS SACRÉES ET COMMUNAUTAIRES 120

CHAPITRE VIII : POUR UNE DURABILITÉ DES FORÊTS SACRÉES ET COMMUNAUTAIRES 139

CHAPITRE IX : DISCUSSIONS DES RÉSULTATS... 147

CONCLUSION GÉNÉRALE 162

BIBLIOGRAPHIES 165

ANNEXES 177

TABLE DES MATIÈRES 207

SIGLES ET ABRÉVIATIONS

ACCB	:	Aire de Conservation Communautaire de la Biodiversité
ASECNA	:	Agence pour la Sécurité de la Navigation Aérienne en Afrique et à Madagascar
CeRPA	:	Centre Régional pour la Promotion Agricole
CIPCRE	:	Cercle International Pour la Promotion et la Création
CNUED	:	Conférence des Nations Unies sur l'Environnement et le Développement
CST	:	Chef Services Techniques
DGFRN	:	Direction Générale des Forêts et Ressources Naturelles
FAO:	:	Organisation des Nations Unies pour l'Alimentation et l'Agriculture
FLASH	:	Faculté des Lettres, Arts et Sciences Humaines
FSA	:	Faculté des Sciences Agronomiques
GPS	:	Global Positioning System
IEC	:	Information Education et Communication
INSAE	:	Institut National de la Statistique et de l'Analyse Economique
LABEE	:	Laboratoire de Biogéographie et Expertise Environnementale
MAEP	:	Ministère de l'Agriculture, de l'Elevage et de la Pêche
ONG	:	Organisation Non Gouvernementale
ONU	:	Organisation des Nations Unies
PADeCom	:	Projet d'Appui au Développement Communal
PAGEFCOM	:	Projet d'Appui à la Gestion des Forêts Communales
PDC	:	Plan de Développement Communal
RB	:	République du Bénin
RGPH	:	Recensement Général de la Population et de l'Habitation
UAC	:	Université d'Abomey-Calavi
UICN	:	Union Internationale pour la Conservation de la Nature
UNESCO	:	United Nations Educational, Scientific and Cultural Organization (Organisation des Nations Unies pour l'Education, la Science et la Culture)
UTM	:	Universal Transverse Mercator

DÉDICACE

A vous

- ➤ ma mère Véronique KPATINVO ;
- ➤ mon Feu père Mamadou Mandus ALI ;
- ➤ mon épouse Chimène CREPPY et mes enfants Nawel-Meriem et Faouziath ALI;

trouvez à travers ce modeste travail, le témoignage de mon engagement à vos côtés.

REMERCIEMENTS

La présente thèse, fruit d'une intense activité de documentation et de recherches sur le terrain, n'aurait pas pu aboutir sans le soutien, la contribution et la participation de personnes de bonne volonté.

C'est le lieu de témoigner, avec respect, toute notre gratitude à notre Directeur de thèse, Professeur Brice SINSIN, Professeur Titulaire à la Faculté des Sciences Agronomiques (FSA/ UAC), Recteur de l'Université d'Abomey-Calavi et à notre Co-Directeur, Docteur Brice TENTÉ, Maître de Conférences en Géographie à la Faculté des Lettres, Arts et Sciences Humaines, Chef du Département de Géographie et Aménagement du Territoire (DGAT) qui, malgré leurs multiples occupations, ont accepté de parrainer ce travail à travers un encadrement et un suivi rigoureux. Qu'ils soient rassurés de notre profonde reconnaissance pour leur amour du travail bien fait.

Dans cet exercice d'expression de la reconnaissance, auquel la morale et la bonne éducation m'astreignent, je ne saurais oublier mes prérapporteurs, à savoir : le Professeur Thiou Tanzidani Komlan TCHAMIE, 1er Vice Président de l'Université de Lomé et Directeur du Laboratoire de Recherches Biogéographiques et d'Etudes Environnementales (LaRBE), le Professeur Tanga Pierre ZOUNGRANA, du Laboratoire d'Etudes et de Recherche sur les Milieux et les Territoires (LERMIT) de l'Université de Ouagadougou, et le Docteur Ir. Euphrème Achille ASSOGBADJO, Maître de Conférences à l'Université d'Abomey-Calavi. En effet, à la lumière de leurs différentes observations, j'ai été frappé par l'extrême pertinence de leurs critiques et suggestions, lesquelles témoignent de la rigueur dont chacun d'eux a fait montre dans la correction de mon travail. Leur feedback, riche en enseignements, m'a permis d'améliorer la qualité du document.

Je dis «merci» au Professeur Etienne DOMINGO, de l'Université d'Abomey-Calavi, Président du présent Jury de soutenance, pour le temps consacré à l'évaluation de ce travail.

Je rends hommage au Professeur Michel BOKO, Directeur de l'Ecole Doctorale Pluridisciplinaire "Espaces, Cultures et Développement", Dr Cossi Jean HOUNDAGBA et Dr François TCHIBOZO pour leurs conseils judicieux et pour leur engagement dans la promotion des jeunes chercheurs.

J'exprime toute ma gratitude aux, Dr José Edgard GNELE, Dr Moussa GIBIGAYE, Dr Vincent OREKAN, Dr Jean-Bosco VODOUNOU, Dr Norbert AGOÏNON, Dr Auguste HOUINSSOU, Dr Yves AJAVON pour leur franche collaboration.

Je remercie très sincèrement le Dr Odile DOSSOU GUEDEGBE, Vice-Doyen de la FLASH, pour ses conseils instructifs.

J'adresse mes sincères remerciements aux Dr Augustin AOUDJI et Dr Germain SAGBO pour leurs conseils utiles et instructifs.

Mes remerciements s'adressent aussi au Dr Ismaïla TOKO, pour ses remarques et sa passion pour la flore et pour les travaux de terrain.

Je rends un vibrant hommage à MM. Joseph DAH-LOKONON, Emmanuel AGBAKOU et Barthélemy BONOU pour leur franche collaboration et leur assistance durant la collecte des données sur le terrain.

Mes sentiments de reconnaissance s'adressent à tous ceux qui ont participé à la détermination des échantillons botaniques, particulièrement aux, Dr Hounnankpon YEDOMOHAN et Dr Aristide ADOMOU du Laboratoire de Botanique et Ecologie Végétale de la Faculté des Sciences et Techniques (FAST/UAC).

Je remercie tous les collègues du Laboratoire de Biogéographie et Expertise Environnementale, tous les membres, du Laboratoire d'Ecologie Appliquée, du Laboratoire Lacarto et du Laboratoire PIERRE PAGNEY, pour leur sollicitude.

Je témoigne ma profonde reconnaissance à tous les doctorants et chercheurs du Département de Géographie et Aménagement du Territoire pour l'ambiance conviviale et fraternelle qu'ils m'ont réservée.

J'exprime ma profonde gratitude à MM. Oscar KPATINVO et Wilfrid KPATINVO, Victor ADIMI, Adam BAGOUDOU, Patrice HOUNSOU-GUEDE, Isidore GODONOU, Marcellin SAGBO, Kader YAROU et à Valentin DJENONTIN ainsi qu'à leur famille respective pour l'hospitalité et le soutien moral et matériel dont ils m'ont gratifié durant mes travaux de terrain.

Je m'en voudrais de finir sans faire un clin d'oeil à MM. Jules ODJOUBERE, Martin ASSABA, Djafarou ABDOULAYE, Erick SOGBOSSI, Epihane ALLAGBE, Jean ADJE, Rigobert AFFANCHAO, Damien et Côme ADJAÏ, Naïmatou ALI, Latifatou ALI, Eric BANKOLE, Firmin SETO, Hugues SETO, Yvon ASSOGBADJO, la famille KPATINVO/PAMOUNASSI, Ghislain et Claro KPEMAVO, la famille CREPPY/GBEANOU ainsi qu'à leurs épouses et époux, qui m'ont donné l'énergie suffisante pour aller au bout de ce travail.

Aux populations des groupes sociocommunautaires rencontrés, je dis merci pour leur collaboration exemplaire.

RÉSUMÉ

Les forêts sacrées et communautaires de la basse vallée de l'Ouémé dans le Bénin méridional sont soumises à une forte pression anthropique entraînant leur disparition progressive.

L'objectif de cette étude est d'évaluer les ressources biologiques des forêts sacrées et communautaires en vue de définir des stratégies pour leur maintien. Le Système d'Information Géographique (SIG) a permis de réaliser la carte de végétation des forêts qui a servi de base pour la collecte des données floristiques et dendrométriques dans les placeaux de 18 m de rayon.

Vingt sept (27) forêts sacrées (20 forêts fétiches et 7 forêts de sociétés secrètes) et huit (8) forêts communautaires couvrant respectivement une superficie de 77,67 ha et 47,2 ha ont été inventoriées.

Les résultats de l'analyse floristiques montrent que les forêts fétiches sont les plus diversifiées. Mais, les forêts de société secrètes sont plus dégradées. Ces résultats de l'analyse floristique montrent que le statut des forêts est un facteur déterminant des paramètres écologiques et dendrométriques.

L'agriculture, l'exploitation du bois, le lotissement, l'écorçage des ligneux et l'installation humaine ont été perçues comme les déterminants directs de dégradation de la végétation des forêts sacrées et communautaires. Ces facteurs directs sont déclenchés par les facteurs indirects que sont : le type de fétiche, la corruption des Chefs traditionnels, la prolifération des religions chrétiennes, le fonctionnement des comités de gestion, la croissance démographique, le statut foncier, les raisons politiques et les facteurs d'ordre naturel. Les espèces végétales des forêts sacrées et communautaires de la basse vallée de l'Ouémé sont fortement utilisées par les populations quelle que soit leur appartenance religieuse, pour de nombreux besoins. Si les pratiques actuelles de l'exploitation des ressources naturelles sont maintenues, d'ici 123 ans toutes les forêts sacrées et communautaires disparaîtront. Les pratiques endogènes apparaissent aujourd'hui inefficaces, même si dans le passé, elles ont permis de préserver ces îlots forestiers. Il est impérieux de créer des comités de gestion autour de ces forêts, et que l'État collabore avec les collectivités gestionnaires desdites forêts, afin de gérer de façon participative les forêts sacrées et communautaires en cours de disparition.

Mots-clés : Bénin, Basse vallée de l'Ouémé, forêts sacrées, et communautaires, pratiques endogènes

ABSTRACT

Sacred and community forests of the lower valley of Ouémé in southern Benin are under a serious anthropogenic pressure leading to their gradual disappearance.

The objective of this study is to evaluate the biological resources of sacred and community forests in order to develop strategies for their maintenance. The Geographic Information System (GIS) has enabled to draw the vegetation map of the forest that was the basis for the collection of plant and mensuration data in plots of 18 m radius.

Twenty-seven (27) sacred forests (20 fetish forests and 7 secret societies forests) and eight (8) community forests covering an area of respectively 77.67 ha and 47.2 ha were surveyed.

The results of the analysis show that the fetish forests are the most diversified. But, the secret societies forests are the least degraded. The analysis results show that the statute of the forests is an important factor of the ecological and dendrometric parameters.

Agriculture, logging, housing estate, wood debarking and human settlement were perceived as direct factors of vegetation degradation in sacred and community forests. These direct factors are indirectly triggered by others such as: the type of fetish, corruption of Chiefs, proliferation of Christian religions, operation of management committees, population growth, land status, political reasons and natural factors. The species of the community and sacred forests of the lower valley of Ouémé are heavily used by local inhabitants regardless of their religious affiliation, for many needs. If the current exploitation practices of natural resources are maintained, one sacred and community forest will disappear every 123 years. Endogenous practices appear ineffective today, although in the past they helped preserve these forest islets. Management committees must be set up around these forests; and the government must work together with these forests managing authorities in order to have a participatory management of these disappearing forests.

Key words: Benin, Lower valley of Ouémé, sacred and community forests, endogenous practices.

INTRODUCTION GÉNÉRALE

Les forêts constituent des ressources indispensables pour le maintien de l'équilibre écologique et le bien-être de l'homme (Biaou, 2005). Selon Juhé-Beaulaton (2003), elles ont une fonction écologique vitale car elles absorbent le gaz carbonique de l'atmosphère, règlent le cycle de l'eau et contribuent à la protection des sols. Parmi les multiples services et biens fournis par les forêts aux hommes, on peut citer : le bois d'œuvre, le bois de feu, les feuilles et des fruits alimentaires, la pharmacopée, le fourrage pour le bétail, les matières premières pour les activités artisanales, etc. Les populations surtout tropicales, dépendent des ressources forestières, sources indispensables d'aliments, de médicaments, de matières premières et de revenus monétaires (FAO, 2010). D'après une étude de la Banque Mondiale, (citée par FAO, 2010) 1,2 millions de personnes vivant dans les pays en développement tirent leurs aliments ainsi que leurs revenus des réserves forestières (FAO, 2010).

Au Bénin, la forte dépendance des populations aux ressources forestières a entraîné la fragmentation des forêts. Ainsi, de vastes écosystèmes forestiers sont réduits à des forêts reliques. Ces dernières sont les vestiges des forêts originelles qui ont subi de la dégradation, mais conservent encore quelques espèces auxquelles les populations accordent de l'importance. Certaines, observables sur photographies aériennes, forment de petites taches aux contours irréguliers. Il s'agit des forêts sacrées et communautaires de superficie très réduite mais comportant des essences forestières.

Ces forêts sacrées, au nombre de 2 940 au Bénin, couvrent une superficie de 18 360 ha (Agbo et Sokpon, 1998). Ces forêts représentent environ 0,2 % de la superficie totale du pays. Dans le passé, elles ont échappé à des pressions humaines pour des raisons diverses : existence d'un fétiche, d'un arbre sacré ou des lieux de culte traditionnel (Baglo *et al.,* 2012). Elles regorgent d'essences forestières, témoins du passé végétal de la région (Adou Yao *et al.,*2003) et de ce fait, sont perçues par les peuples comme un espace sacré, une partie importante de leur patrimoine culturel (Tchamié, 2000). Ceci explique l'interdépendance qui existe entre les populations et leur milieu. Cette interdépendance s'illustre à travers une représentation de l'espace environnemental. Cette dernière se traduit dans les pratiques religieuses par les forêts sacrées à l'intérieur desquelles sont pratiqués des rites religieux (Kokou et Sokpon, 2006). Les forêts sacrées sont généralement entourées de mythes et leur caractère sacré est dû au fait que la communauté locale y consacre un culte ou une divinité et partant, c'est un ensemble d'interdits qui les entourent et participent à leur protection, et donc à leur conservation. Elles sont d'une très grande importance pour les populations et constituent des sanctuaires pour les initiations, des abris pour les autels des ancêtres (cimetières) où se font quelquefois des sacrifices, des résidences de toutes sortes de divinités (dieux protecteurs des clans ou autres), des réserves d'essences rares, sortes de jardins botaniques où les tradi-praticiens retrouvent les plantes médicinales rares et indispensables pour la pharmacopée. La conception du sacré, basée sur le spirituel et les interdits, a permis de sauvegarder et de préserver ces îlots de forêts. Les milieux sacrés sont craints car, en principe, n'entre pas dans une forêt sacrée qui veut. C'est ce à quoi faisait allusion Ibo (2005) qui estimait qu'une forêt classée (contrairement à une forêt sacrée) n'inspire aucune crainte aux populations.

En ce qui concerne les forêts communautaires, elles sont souvent confondues avec les forêts sacrées dans de nombreuses études (Gbinlo, 2009, Aïkpé, 2010, Adjé, 2014, Ehinnou, 2014). En effet, les forêts communautaires, ont été créées par les « ancêtres » des habitants actuels. L'implication des décideurs locaux et la conservation de certaines règles coutumières permettent à ces aires communautaires d'asseoir des structures de gestion qui n'entrent pas en conflit avec les autorités traditionnelles et qui s'intègrent dans le paysage culturel local (UICN-PACO, 2009).

Mais aujourd'hui, les valeurs culturelles qui commandent les forêts sacrées et communautaires sont de moins en moins respectées. Malgré leur importance dans la préservation de la diversité, les forêts sacrées et communautaires sont sujettes à une dégradation, du fait des actions anthropiques, de la démographie, de l'urbanisation, etc. (FAO, 2005).

Dans le département de l'Ouémé, cadre de cette étude, la situation est semblable à celle observée ailleurs. En effet, les formations naturelles de cette région du Bénin reculent considérablement, au profit des champs et des habitations (Ali et al., 2011). Elles sont soumises à une exploitation anarchique, en raison de l'absence d'une politique gouvernementale d'aménagement appropriée, d'une urbanisation anarchique, d'une forte croissance démographique et d'une occupation spatiale incontrôlée (Baglo et al., 2012). Cette situation pose un véritable problème d'aménagement du territoire, de diversification et d'implantation des infrastructures sociales et environnementales. Selon Adjakpa et al. (2013), la profanation des structures socioculturelles, c'est-à-dire les institutions et divinités du panthéon Vodoun par le colonisateur, et plus tard, leur désacralisation par l'idéologie marxiste léniniste ont conduit également à la dégradation des forêts en général et celles sacrées et communautaires en particulier. Les conséquences de la destruction complète des forêts sacrées et communautaires se traduisent par une perte importante de la biodiversité. La biodiversité, faut-il le rappeler, permet à l'homme de satisfaire ses besoins socio-économiques.

Cette thèse constitue un travail pilote sur la flore des forêts sacrées et communautaires de la basse vallée de l'Ouémé dans le Bénin Méridional et constituera donc une base de données référentielle importante pour toutes recherches ultérieures. Elle permet de connaître le potentiel en diversité spécifiques, les valeurs socio-économiques et culturelles des forêts sacrées et communautaires de cette zone.

Vu l'importance écologique, socio-économique et culturelle de ces forêts sacrées et communautaires, les données de cette recherche pourront constituer des arguments de base pour susciter les décideurs politiques et les organismes internationaux à adopter une politique d'aménagement, de conservation et de valorisation des forêts sacrées et communautaires, en leur accordant le statut d'aire protégée. Ceci freinera les différentes pressions incontrôlées dont ces forêts font objet et contribuera indirectement à la régularisation du microclimat.

La présente étude est structurée en trois parties à l'exception de l'introduction générale. La première partie est consacrée à la présentation du cadre théorique, la présentation du milieu d'étude et l'approche méthodologique.

La deuxième partie concerne l'étude des paramètres écologiques, dendrométriques et l'identification des indicateurs de menace et de pression qui pèsent sur les forêts sacrées et communautaires. La troisième partie est consacrée aux perspectives de durabilité des forêts sacrées et communautaires et à la discussion des résultats.

PREMIÈRE PARTIE :

CADRE THÉORIQUE, MILIEU D'ÉTUDE ET APPROCHE MÉTHODOLOGIQUE

La première partie de la thèse est subdivisée en trois chapitres : le cadre théorique, le milieu d'étude et l'approche méthodologique.

Le premier chapitre I relatif au cadre théorique a posé la problématique de l'étude afin de dégager les objectifs et les hypothèses de recherche. Les concepts spécifiques utilisés ont été aussi clarifiés dans ce chapitre. L'analyse du milieu d'étude abordée dans le chapitre II, a consisté à présenter la situation géographique de la basse vallée de l'Ouémé et ses traits biophysiques et socio-économiques. Enfin, le chapitre III relatif à l'approche méthodologique a abordé le fondement méthodologique de l'étude ainsi que les méthodes utilisées par objectif spécifique.

CHAPITRE I : CADRE THÉORIQUE

Ce chapitre présente la problématique, les objectifs, les hypothèses et la définition des concepts. Les concepts définis permettront une meilleure compréhension des termes utilisés.

1.1. Problématique

Dans les Pays en Voie de Développement (PVD), comme le Bénin, la problématique de l'environnement se pose d'une part, en termes de déséquilibre entre les ressources naturelles et d'autre part à travers les besoins accrus de la population en croissance rapide à la recherche d'une amélioration générale de ses conditions de vie (Kokou et Kokutse, 2006). Pour Messaoudene *et al.* (2007), les activités anthropiques contribuent fortement à la dégradation de l'environnement. Au cours des dernières décennies, on a assisté sous les tropiques, à un processus de dégradation généralisée des écosystèmes naturels, aggravé par des contextes socio économique et pédoclimatique défavorables. Cette dégradation s'est caractérisée par une diminution importante des formations végétales et une réduction considérable des ressources ligneuses (bois de feu, bois de service). La perte de couverture forestière a atteint dans la décennie 1990-2000, 14,2 millions ha/an et l'Afrique, avec seulement 16,8 % du couvert mondial, a contribué pour 56 % à cette réduction du couvert forestier (FAO, 2010).

Au Bénin, les agriculteurs modifient la végétation par leurs pratiques culturales. Ils agissent en effet sur la répartition spatiale et sur la composition floristique des formations naturelles. Ils diminuent de manière significative la richesse spécifique de la flore ligneuse et désorganisent la structure des peuplements (Sounon Bouko *et al.,* 2007). L'imagerie satellitaire a montré, que les formations forestières occupaient une superficie de 597 211 ha en 1972 contre 538 464 ha en 1992 (CENATEL, 2010). En 2010, cette surface forestière est passée à 313 285 ha, soit une réduction de 225 179 ha (CENATEL, 2010). Cette réduction forestière est due à l'intensification de l'agriculture, la fabrication de charbon de bois, au prélèvement abusif de bois d'œuvre et aux feux de végétation.

La basse vallée de l'Ouémé fait partie des secteurs méridional du Bénin où aucun domaine n'est protégé pas les textes législatifs. Alors qu'essentiellement rurale, plus de 86 % de la population de la basse vallée de l'Ouémé dépendent de l'agriculture (INSAE, 2004). Les forêts initiales sont fragmentées ou reconverties en savanes ou en jachères laissant apparaître des lambeaux de forêts. Ces derniers sont des forêts reliques constituées de forêts sacrées et communautaires. Les forêts sacrées sont protégées et gérées par les populations à travers les pratiques ancestrales. Deux catégories de forêts sacrées ont été identifiées dans la basse vallée de l'Ouémé. Il s'agit des forêts fétiches et des forêts de société secrète. Les forêts communautaires sont gérées par la communauté locale. Ces trois catégories de forêts sont les types de forêts reliques identifiées et étudiées dans la basse vallée de l'Ouémé.

Les forêts reliques sont les témoins des forêts qui ont existé autrefois dans la zone et ont l'avantage d'être gérées par des populations qui sont attachées culturellement à leur terre nourricière. Elles portent une végétation plus fournie que les autres écosystèmes du terroir (Liberski-Bougnoud *et al.*, 2010).

Ces forêts, protégées par la tradition locale et par la communauté locale, contribuant au sauvetage de la flore et de la faune sont menacées de disparition (Garcia *et al.*, 2006, Kaboré, 2010; Boukpessi, 2010, Ehinnou, 2014). Cette situation porte sérieusement atteinte à l'intégrité de l'environnement. En exemple, dans la Commune de Bonou, située dans la basse vallée de l'Ouémé, les savanes arborées, les reliques forestières et les forêts-galeries des zones humides disparaissent progressivement pour laisser place à des espaces nus, aux prairies, jachères et champs (Avocè, 2011). Les gros arbres, poursuit le même auteur, qui longeaient les rivières et assombrissaient les marécages se font de plus en plus rares. Les vastes réserves forestières, même celles qui sont protégées par les us et coutumes, sont en train de s'éclaircir. C'est le cas par exemple de la forêt de " Gbèvozoun " dont les grandes essences sont malheureusement saccagées. Malgré leur statut sacré, ces forêts disparaissent progressivement. Les éléments moteurs de ce déclin sont la croissance démographique, les conflits autour de ces espaces, les défrichements, les feux de végétation, la pression foncière accrue et la perte progressive d'autorité des chefs de village, voire de l'administration (Ali *et al.*, 2011).

De même, avec l'avènement des religions, tels que l'islam et le christianisme, le caractère sacré a perdu de son importance. Certains Chefs de culte traditionnel sont également des fidèles des religions importées. Cette double pratique ne permet pas le respect des valeurs traditionnelles liées à la conservation des forêts sacrées (Kokou et Kokutse, 2010).

La tradition, loin de constituer un obstacle à la protection de l'environnement, serait un des meilleurs garants de la protection des écosystèmes et de la pérennité de la biodiversité (Sow, 2001). On ne peut donc penser environnement en dehors de l'action des sociétés qui occupent un espace, le transforment, le gèrent.

En effet, la protection de l'environnement en général et des ressources naturelles en particulier est une préoccupation constante chez tous les peuples (Adjakpa *et al.*, 2013). Mais elle diffère de forme et de finalité d'une civilisation à une autre, principalement en fonction de la perception de la nature et des apports qui en découlent. Dans les sociétés traditionnelles de la basse vallée de l'Ouémé, la protection de l'environnement résulte de l'ensemble des croyances ancestrales en rapport avec Dieu et le monde à travers les forêts sacrées.

Il est alors important de connaître les interactions entre les communautés et les ressources naturelles, le mode de gestion des ressources naturelles en vue d'une conservation des forêts sacrées et communautaires. Non seulement, ces dernières contribuent à l'utilisation durable des ressources naturelles, mais sont devenues des éléments fondamentaux de patrimoines naturels et culturels, qu'il faut conserver et valoriser. Cette préoccupation avait déjà été soutenue et défendue par les organisations non gouvernementales (ONG) présentes à la conférence de Rio de Janeiro (Brésil) en 1992 qui recommandaient que « les connaissances et pratiques traditionnelles forestières des peuples indigènes soient valorisées et maintenues ».

La question principale qui se pose est de savoir si les pratiques endogènes contribuent efficacement à la conservation des forêts sacrées et communautaires ?

Pour répondre à cette question principale, les questions secondaires suivantes ont été posées.

- Comment se présente la structure actuelle des forêts sacrées et communautaires ainsi que leur évolution dans le temps et dans l'espace?

- Quels sont les facteurs qui concourent à la dégradation de ces forêts?

- Les valeurs culturelles fondant leur existence sont- elles toujours efficaces pour permettre leur protection?

- Comment peut- on gérer l'ensemble du système pour satisfaire les besoins des populations et les exigences de la conservation?

C'est pour répondre à ces questions de recherche que le thème « Déterminants écologiques, anthropologiques et socio-économiques pour la conservation et la gestion durable des forêts sacrées et communautaires de la basse vallée de l'Ouémé dans le Benin méridional » a été choisi.

Pour mieux conduire la recherche, les hypothèses et objectifs suivants ont été formulés.

1.2. Hypothèses de recherche liées aux objectifs spécifiques

En hypothèse principale, nous admettions que les pratiques endogènes contribuent efficacement à la conservation de la biodiversité des forêts sacrées et communautaires malgré l'influence des perturbations anthropiques. Il en découle quatre hypothèses secondaires :

- **1** : les paramètres écologiques et dendrométriques des forêts sacrées et communautaires dépendent des pratiques endogènes ;
- **2** : les activités anthropiques ont une influence sur la dégradation des forêts sacrées et communautaires ;
- **3** : les pratiques endogènes à travers l'ensemble des rites et des interdits ont permis de conserver des espèces végétales à valeur socioculturelle et économique pour les populations ;
- **4** : l'implication des projets et programmes dans la gestion des forêts sacrées et communautaires est un atout pour leur aménagement.

1.3 Objectifs de recherche

Les objectifs ont été déclinés en objectif général et objectifs spécifiques.

1.3.1. Objectif général

La présente étude est une contribution à une meilleure gestion durable des forêts sacrées et communautaires de la basse vallée de l'Ouémé dans le Bénin Méridional.

1.3.2. Objectifs spécifiques

De façon spécifique, l'étude vise à :

- **1** : étudier les paramètres écologiques et dendrométriques des forêts sacrées et communautaires ;
- **2** : identifier les indicateurs de menace et de pression qui pèsent sur la composition floristique des forêts sacrées et communautaires ;
- **3** : évaluer les valeurs socioculturelles et économiques des espèces végétales des forêts sacrées et communautaires ;
- **4** : élaborer des perspectives de durabilité des forêts sacrées et communautaires de la basse vallée de l'Ouémé pour le maintien en équilibre de la diversité biologique desdits forêts.

1.4. Définitions opératoires

La formulation du sujet, objet de la présente étude, fait appel à l'utilisation fréquente de certains concepts qu'il convient de définir pour faciliter la compréhension du travail.

Forêts sacrées : Ce sont des fragments de forêt à l'intérieur desquels sont pratiqués des rites religieux. Juhe-Beaulaton (1999) définit les forêts sacrées comme des îlots boisés dont l'existence est liée à des facteurs religieux. Pour Tchamié (2000), au Nord- Togo, les

16

populations de la religion animistes des massifs Kabyè avaient des motifs religieux pour protéger certaines parties de leur forêt en leur conférant un caractère sacré. Au cours de l'atelier régional sur la problématique des forêts sacrées au Bénin et en Côte d'Ivoire, la forêt sacrée a été définie comme tout espace boisé, vénéré, et craint, réservé à l'expression culturelle d'une communauté donnée, dont l'accès et la gestion sont réglementés par les pouvoirs traditionnels (Agbo et Sokpon, 1998). Dans cette étude, les forêts sacrées sont désignés comme des reliques de forêts à l'intérieur desquels sont pratiqués des rites religieux. Ce sont les forêts fétiches et les forêts de sociétés secrètes.

Forêts communautaires : Ce sont des forêts qui sont sous l'autorité du pouvoir local, qui appartiennent à une communauté. Selon Tenté (2009), ce sont des sites très particuliers ayant marqué la communauté dans des périodes guerrières de son histoire (lieu d'un combat, lieu de la maison de l'ancêtre commun, refuge d'une espèce menacée de disparition). L'existence ou non d'anciens vestiges (pierres de soutènement des greniers, pierres de foyers, meules, éclats de poteries, espèces rares et menacées de disparition) en leur sein confirme qu'il s'agit d'anciennes habitations. C'est donc des espaces boisés qui ont souvent une histoire.

Forêt de société secrète : Selon Sagbo (2012), c'est une forêt sacrée dans laquelle aucune divinité physique n'est implantée, mais installée et fréquentée par un groupe, un village, une congrégation spirituelle pour des pratiques (sacrifices, pèlerinages, retraite, etc.). C'est un lieu craint par la population locale. Ce sont les *Orozoun* ou *Zangbétozoun* (tous ces dieux incarnent les morts et les revenants).

Forêt fétiche : Selon Ago (2000), c'est une forêt qui abrite les dieux ou génies, en principe protecteurs des populations. C'est un lieu craint à cause de la présence du fétiche. Mais pour cette étude, elle signifie une forêt qui abrite une divinité symbolisée dans la forêt comme Danzoun ou forêts du génie Dan (dieu serpent), Xèbiossozoun ou forêts du dieu Xèbiosso (dieu de la foudre), Sakpatazoun ou forêts du génie Sakpata (dieu de la terre), Lissazoun ou forêts du dieu Lissa (symbolisé par le caméléon).

Fétiche tolérant : Ce sont des fétiches non craints par la population locale, des fétiches de prospérité, de bonheur. Il s'agit dans cette étude des forêts qui abritent les fétiches ''Dan'', ''Tohossou'', ''Hoho''. Tous ces fétiches incarnent la paix et le bonheur.

Fétiche rigoureux : Ce sont des fétiches craints, ceux qui donnent systématiquement la mort ou le mauvais sort à tout récidiviste qui aurait enfreint à leurs prescriptions. Il s'agit dans cette étude des forêts fétiches de ''*Orozoun* et les *Sakpatazoun*''.

17

''Vodjou (en adja)'', ''Vodoun '' (en fon) ou fétiche (en français): Le vodoun, c'est Mawu, le créateur auprès de qui l'homme peut trouver la réponse finale à toutes ses inquiétudes. C'est le roi omnipotent, la sagesse omnisciente, le juge, l'invisible, le suprême ordonnateur (Agbo et Sokpon, 1999).

A propos du Vodoun, Sagbo (2012) affirme qu' « En Afrique l'Orisha ou le Vodoun est une force de la nature, une chose d'aspect surnaturel, un phénomène puissant qui a été établi, fixé par les soins d'un être humain en un lieu déterminé. Un pacte d'alliance et d'interdépendance est fait entre cette force et cet homme ».

Mais toutes les définitions recueillies sur le terrain sont unanimes sur le fait que, le vodoun n'est pas Dieu, mais plutôt le $2^{\text{ème}}$ fils de Dieu appelé Mawu-lissa (le créateur) dans le cosmos traditionnel. Pour cette étude, le mot vodoun désigne la force visible ou invisible qui protège une forêt en qui la forêt doit son existence.

Diversité alpha (α) : Elle correspond à la moyenne estimée des diversités spécifiques des relevées par groupe de forêt (Adomou, 2005).

Diversité spécifique : Elle met en exergue la richesse et la distribution d'abondance spécifique des groupes de forêts (Djégo, 2007).

Occupation du sol : C'est la couverture biophysique de la surface de la terre incluant la végétation, les cours et plans d'eau, les champs, les jachères et les installations humaines à un instant « t ». L'occupation du sol peut être donc succinctement définie comme la couverture biophysique de la surface des terres émergées (Toko, 2008).

Formation végétale : Unité de végétation physionomiquement homogène et d'aspect uniforme par l'assemblage en proportion relativement identique des mêmes types morphologiques ayant une évolution saisonnière semblable (Godron, 1984). La végétation qui est l'ensemble des plantes sauvages ou cultivées qui poussent sur une surface donnée du sol peut aussi avoir le même sens que la formation végétale mais avec une échelle plus étendue.

Pratiques endogènes : C'est l'ensemble des actions, des manières d'agir empiriques acquises, sans influence extérieures, au fil du temps par une communauté et transmises de génération en génération (Boukpessi, 2010). Ce sont donc des pratiques acquises de l'intérieur, sans l'influence ou l'apport de l'extérieur.

Le constat est fait dans un environnement géographique, physique et humain qui est présenté dans le chapitre II.

CHAPITRE II : MILIEU D'ÉTUDE

Ce chapitre présente la situation géographique et les paramètres physiques du milieu d'étude. La connaissance des éléments du climat, du substratum géologique et pédologique, du paysage morphologique, du réseau hydrographique, des types de végétation et des traits socioéconomiques, est nécessaire pour la compréhension des facteurs écologiques qui différencient les formations végétales.

2.1. Situation géographique de la zone d'étude

La basse vallée de l'Ouémé est localisée dans le Bénin méridional, entre 6°35'21'' et 6°53'66'' de latitude nord et entre 2°21'26'' et 2°28'01'' de longitude est. Elle couvre une superficie de 26400 km^2, soit 42,80 % du bassin total du fleuve, et est à cheval sur les Départements du Plateau et de l'Atlantique (INSAE, 2004). Elle couvre cinq communes (Adjohoun, Bonou, Dangbo, Aguégués et Sô-Ava) concernées par la présente étude, à l'exception de la Commune de So-Ava (figure 1).

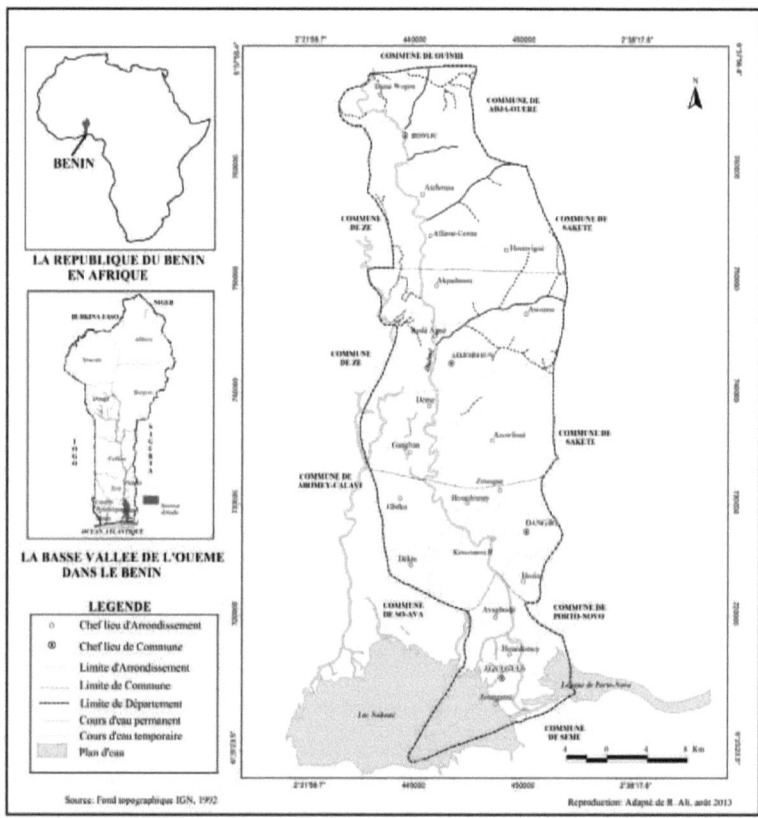

Figure 1 : Situation géographique de la zone d'étude

2.2. Milieu physique

La description du milieu physique comprend en compte les données climatiques, géologiques, pédologiques et hydrographiques de la zone d'étude.

2.2.1. Données climatiques

La basse vallée de l'Ouémé, située dans la partie méridionale du Bénin, est sous l'influence du climat subéquatorial avec, 4 saisons dont 2 saisons sèches et 2 saisons pluvieuses. Les 2 saisons pluvieuses sont d'une inégale importance : la grande s'étale d'avril à juillet et la petite d'août à septembre (Adam et Boko, 1993). Quant à la grande saison sèche, elle commence à la fin du mois de novembre et s'étend jusqu'au mois de mars tandis que la petite saison sèche

20

dure de mi-juillet à mi-septembre. C'est pendant la petite saison que les communes de la basse vallée de l'Ouémé sont inondées. Les maxima des pluies sont généralement obtenus en juin pour la grande saison des pluies et en septembre pour la petite saison (ASECNA, 2010). Par ailleurs, les travaux réalisés sur la circulation atmosphérique en Afrique de l'Ouest (Leroux; Moron; Janicot cités par Ogouwalé, 2006) en général et dans la basse vallée de l'Ouémé en particulier, mettent en exergue les circulations cellulaires de types Hadley et Walker. Celles-ci se manifestent dans le milieu par une alternance saisonnière de vents de deux directions opposées : les alizés du secteur NE et la mousson du SW qui confluent le long de l'Equateur Météorologique (EM) formant la Zone de Convergence Inter-Tropical.

En ce qui concerne les températures, elles varient sensiblement au sud du Bénin. Ainsi, à l'échelle saisonnière, elles restent élevées en saison sèche (29°C en moyenne) entre mars et avril et relativement faible en saison pluvieuse et pendant la récession d'août (26 °C en moyenne) notamment en juin, juillet, août et septembre (ASECNA, 2010).

S'agissant du bilan climatique, il est défini à partir des précipitations et de l'évapotranspiration potentielle. Cela permet de diviser l'année en des périodes d'événements bioclimatiques successives. Les hypothèses de base définies par Franquin (1969) sont :

- la période sèche est la période au cours de laquelle la courbe des précipitations est en dessous de la moitié de l'ETP ;

- la période humide s'installe quand la courbe de ½ ETP passe sous celle des précipitations. Cette période rend compte du bilan des apports et des pertes en eau;

- la période franchement humide est la période durant laquelle la courbe d'ETP passe sous celle des précipitations (figure 2).

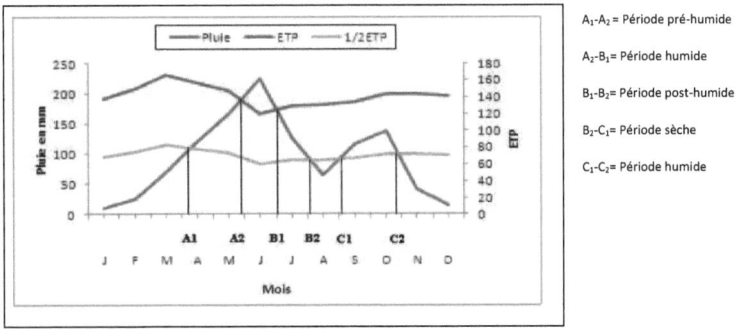

Figure 2: Diagramme climatique de la station de Adjohoun (1965-2010)

21

De l'analyse de la figure 2, il ressort que :

- la période sèche s'étend de début juillet à fin août. Au cours de cette période, la plupart des points d'eau du milieu tarissent, excepté le cours d'eau principal ''Ouémé'' qui conserve de l'eau dans le lit mineur ;

- la période humide par contre, s'étend de fin août à fin octobre. Elle correspond à la période active de la végétation durant laquelle la réserve en eau du sol est supérieure aux besoins des plantes. Durant cette période, les repousses des espèces défeuillées sont observées. Ainsi, les plantes peuvent donc assurer de façon continue leur alimentation hydrique et minérale. De ce fait, les herbacées deviennent abondantes et les graminées donnent des inflorescences. A la fin de cette période (fin-octobre), le point de flétrissement est atteint de nouveau par le sol après épuisement de ses réserves d'eau ;

- la période franchement humide s'étend quant à elle, de début mai à fin juin. Elle correspond à la période de la croissance des végétaux. Cette période est la plus pluvieuse où le pic des précipitations est atteint au mois de juin. La végétation ne souffre alors d'aucune limitation pour son alimentation hydrique et minérale.

2.2.2. Relief

Le relief du secteur d'étude est très peu accidenté. Il est constitué de terrains récents et anciens. Les terrains les plus anciens remontent au Crétacé (fin de l'ère secondaire). Le secteur d'étude s'inscrit dans le bassin sédimentaire côtier comprenant les grands plateaux et les plaines d'inondation alluviales (Oyédé, 1991). Les principales unités topographiques pouvant être distinguées sont les plateaux d'une altitude moyenne de 40 m à 50 m, entaillé par des vallées profondes, le versant du plateau en pente douce, les terrasses fluviales et la plaine alluviale (figure 3).

Figure 3 : Représentation en trois dimensions des unités topographiques du secteur d'étude

2.2.3. Données pédologiques

Deux types de sols sont rencontrés dans la basse vallée de l'Ouémé :

• les sols ferralitiques du plateau. Ce sont des sols appauvris à la surface et défavorables à l'agriculture parce que renfermant une infime quantité de matières organique.

• les sols hydromorphes limono - argileux qu'on retrouve dans le lit mineur du fleuve. Ce sont des alluvions abandonnés par le fleuve quand la pente et le débit sont insuffisants et qui fertilisent le sol (figure 4).

Ces sols identifiés dans le secteur d'étude constituent un atout pour les activités agricoles, ce qui intensifie alors la destruction des formations végétales en général et celles des forêts sacrées et communautaires en particulier.

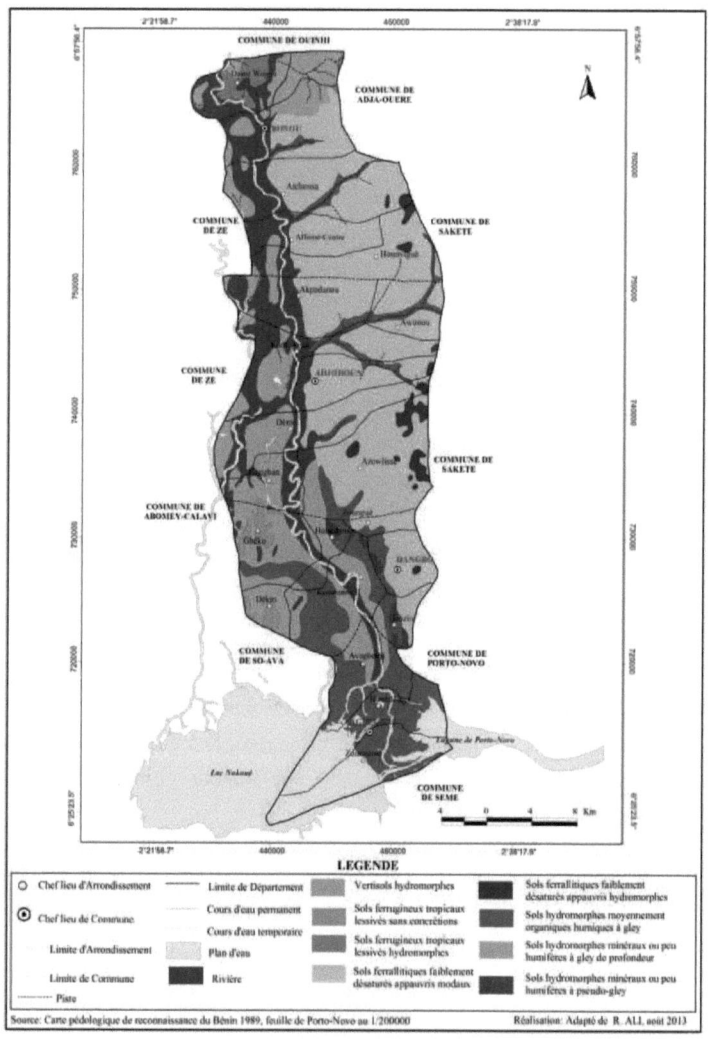

Figure 4 : Formations pédologiques du secteur d'étude

2.2.4. Hydrographie

Le fleuve Ouémé est le principal cours d'eau du secteur d'étude. Il prend sa source au nord du Bénin à Tanéka Béri dans la Commune de Copargo (Le barbé *et al.*, 2002). Outre le fleuve

Ouémé et la rivière Sô, il existe dans le secteur d'étude, les marécages, les bas-fonds etc. Le réseau hydrographique de la vallée permet une bonne croissance des espèces végétales et une bonne reproduction des oiseaux aquatiques (figure 5).

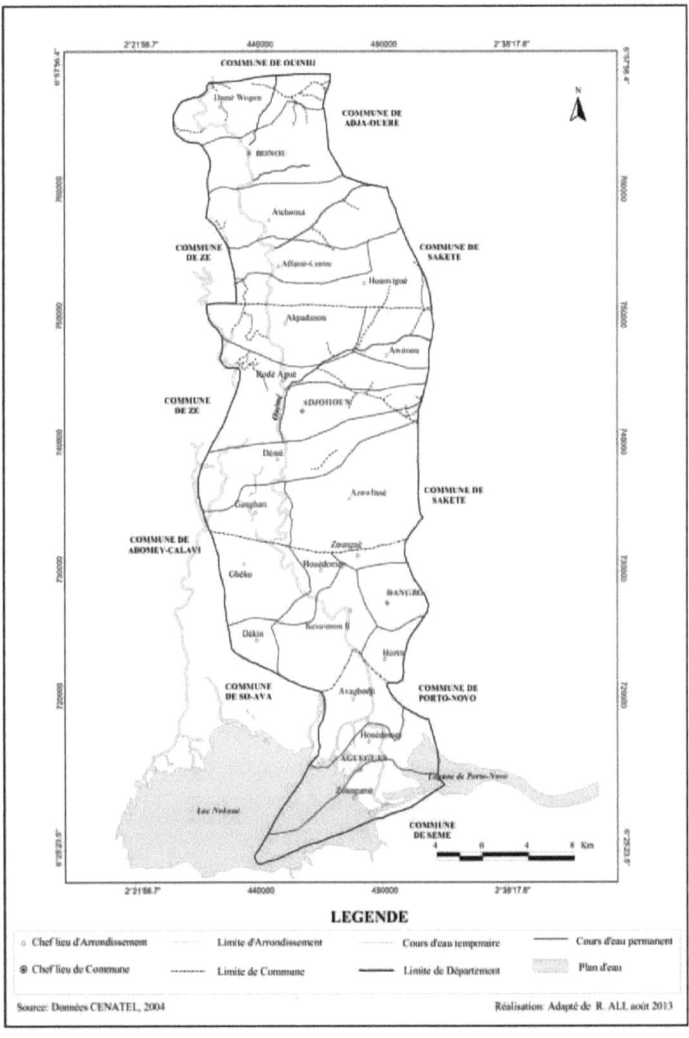

Figure 5 : Réseau hydrographique du secteur d'étude

2.2.5. Végétation

La couverture végétale dans la basse vallée de l'Ouémé est constituée de prairies basses périodiquement inondables à *Paspalum vaginatum*. Il existe aussi *Thypha australis* et *Cyperus papyrus* qui laissent en surplomb des îlots forestiers. Au nombre des végétaux flottants il y a *Eichhornia crassipes* (jacinthe d'eau), *Pistia stratiotes* et *Lemne paucicostata* (laitue d'eau).

Les travaux de Adomou (2005), dans la basse vallée de l'Ouémé ont révélé l'existence des forêts marécageuses (marais à végétation ligneuse avec une présence d'eau de surface pendant une grande partie de la saison sèche) à Djassinzoun, Agbakazoun et Gohozoun aux (Aguégués), les forêts galeries (peuplement forestiers s'étendant de part et d'autre du fleuve Ouémé), les forêts périodiquement inondées à *Berlinia grandiflora* et *Dialium guineense* à Dangbo et les forêts occasionnellement inondées qui diffèrent des forêts périodiquement inondées de par leur composition floristique (forêt mixte de Bembê aux Aguégués).

2.2.6. Aspects humains et économiques

La basse vallée de l'Ouémé est constituée majoritairement des groupes socioculturels Ouéménou et Toffinou. Les Gouns, les Fons, les Nagots, les Yorubas et les Adjas sont en minorité. En matière d'habitat, certaines cases sont faites sur pilotis et construites en palmier raphia (*Raphia hookeri*). Ces cases sont caractéristiques des Ouéménou et des Toffinou (INSAE, 2004). Le toit de ces cases est fait de pailles ou de tôles ondulées. Sur le plan religieux, le christianisme, l'islam et le protestantisme (considérées comme religions importées) cohabitent avec la religion traditionnelle. Ces religions importées se sont installées dans beaucoup de villages et ont joué un rôle important dans les changements observés au niveau des pratiques ancestrales. Elles ont façonné la mentalité de plusieurs générations de la basse vallée de l'Ouémé comme dans beaucoup d'autres régions du Bénin. Ceci a affecté les liens qui unissent les gens, les attachements aux vodouns. De plus en plus les cérémonies des vodouns sont réduites aux réunions de retrouvailles et d'offrandes ostentatoires au lieu des moments de prières et d'adoration.

Outre ces religions classiques, il y a d'autres qui sont récentes en l'occurrence le christianisme céleste, l'Eglise des Assemblées de Dieu, l'Union Renaissance, l'Eglise de la Pentecôte, la Mission Evangélique de la Foi qui enregistrent également l'adhésion de nombreux fidèles.

Ce rejet de la tradition a joué un rôle important dans la dégradation des forêts sacrées et communautaires du secteur d'étude.

La population de la basse vallée de l'Ouémé est une population principalement rurale qui s'adonne surtout aux activités du secteur primaire, ce qui se traduit par la forte pression subie par les ressources naturelles en particulier les forêts sacrées et communautaires.

En somme, le relief de la basse vallée de l'Ouémé est peu accidenté. Après la description du cadre de l'étude, les grandes lignes de l'approche méthodologique sont énumérées dans le chapitre III.

CHAPITRE III : APPROCHE MÉTHODOLOGIQUE

La recherche documentaire, la collecte, le traitement et l'analyse des données quantitatives et qualitatives à l'aide des méthodes et outils statistiques appropriés constituent l'ossature de ce chapitre. Les matériels et méthodes utilisés pour atteindre les objectifs de l'étude ont été présentés par objectifs spécifiques.

3.1. Recherche documentaire

Elle a permis de recenser les travaux relatifs au thème et au milieu d'étude. Ainsi sont recensés, les ouvrages et informations à travers les bibliothèques et les centres de documentation des universités, des ministères et des institutions concernés.

3.2. Étude des paramètres écologiques et dendrométriques des forêts sacrées et communautaires de la basse vallée de l'Ouémé

3.2.1. Paramètres écologiques et dendrométriques des groupes de forêts sacrées et communautaires

3.2.1.1. Identification des forêts sacrées et communautaires et critère d'installation des placeaux

Pour identifier les forêts et communautaires on s'était servi au préalable des travaux de (Agbo et Sokpon, 1998) sur l'inventaire des forêts sacrées au Bénin. Cette documentation a été appuyée par les travaux de terrain qui ont été réalisés suivant la méthode d'échantillonnage boule de neige. Suivant cette méthode, un notable de forêt sacrée et communautaire, après l'avoir enquêté, fournit des informations permettant d'identifier d'autres notables de forêt (Giannclloni et Vernette, 2001). Les enquêtes sont arrêtées à partir du moment où de nouvelles forêts ne sont plus identifiées (tableau I). Les superficies actuelles de ces forêts ont été obtenues grâce au GPS par le système de tracking de la limite réelle des forêts.

Tableau I : Répartition des forêts par taille et par fonction

Taille Fonction	S ≤ 1 ha	1 < S < 5ha	S ≥ 5 ha	Total	Proportion (%)
Forêt fétiche	8	6	6	20	57
Forêt de société secrète	7	0	0	7	20
Forêt communautaire	4	2	2	8	23
Total	19	8	8	35	100
Proportion (%)	54	23	23	100	

Source: Enquête de terrain, juillet 2012

Au total 20 forêts fétiches, 7 forêts de sociétés secrètes et 8 forêts communautaires ont été répertoriées.

La répartition des forêts étudiées par leur fonction est présentée dans le tableau II et sur la figure 6.

Tableau II : Statut et superficie des forêts étudiées

N°	Statuts	Nom_forêt	Superficie_2012 (ha)	Localités
1	Forêts communautaires	Gbèvozoun	35,9	Bonou
2		Gnahouizoun	5,4	Damè-Wogon
3		Hèlozoun	0,4	Dangbo
4		Hlèzoun	3	Gbéko
5		Kingbézoun	0,1	Démè
6		Lassozoun	0,1	Azowlissè
7		Ninzoun	0,1	Zounguè
8		Wansiclozoun	0,1	Démè
		TOTAL	47,2	
1	Forêts fétiches	Aïzazoun	0,3	Bonou
2		Bamèzoun	15,01	Aguégués
3		Bohouezoun	0,9	Adjohoun
4		Dantinzoun	0,9	Dangbo
5		Danvazoun	7	Gbéko
6		Djogbézoun	2	Atchonsa
7		Gninzoun	2,1	Késsounou
8		Guétozoun	9	Gbéko
9		Guouzoun	0,1	Hozin
10		Kinsiézoun	2,97	Démè
11		Kodjizoun	6,96	Avagbodji
12		Kpassizoun	11	Dékin
13		Kpinkonzounmè	7,1	Akpadanou
14		Lokozoun	0,16	Hozin
15		Sakpatazoun	0,15	Démè
16		Silicozoun	1,2	Dangbo
17		Siligbozoun	3,5	Dangbo
18		Vazoun	2,97	Démè
19		Wanzoun	0,9	Hozin
20		Wéssizoun	0,1	Dangbo
		TOTAL	74,32	
1	Forêts de sociétés secrètes	Kpikpomanhougnoho	0,8	Gbéko
2		Lozoun-Agbonan	0,4	Bonou
3		Lozoun Atchabita	0,6	Atchabita
4		Lozoun Atchonsa	0,45	Bonou
5		Lozoun Azowlissè	0,25	Azowlissè
6		Lozoun Damè	0,45	Bonou
7		Lozoun Houété	0,4	Atchonsa
35		TOTAL	3,35	

Source : Enquête de terrain, juillet 2012

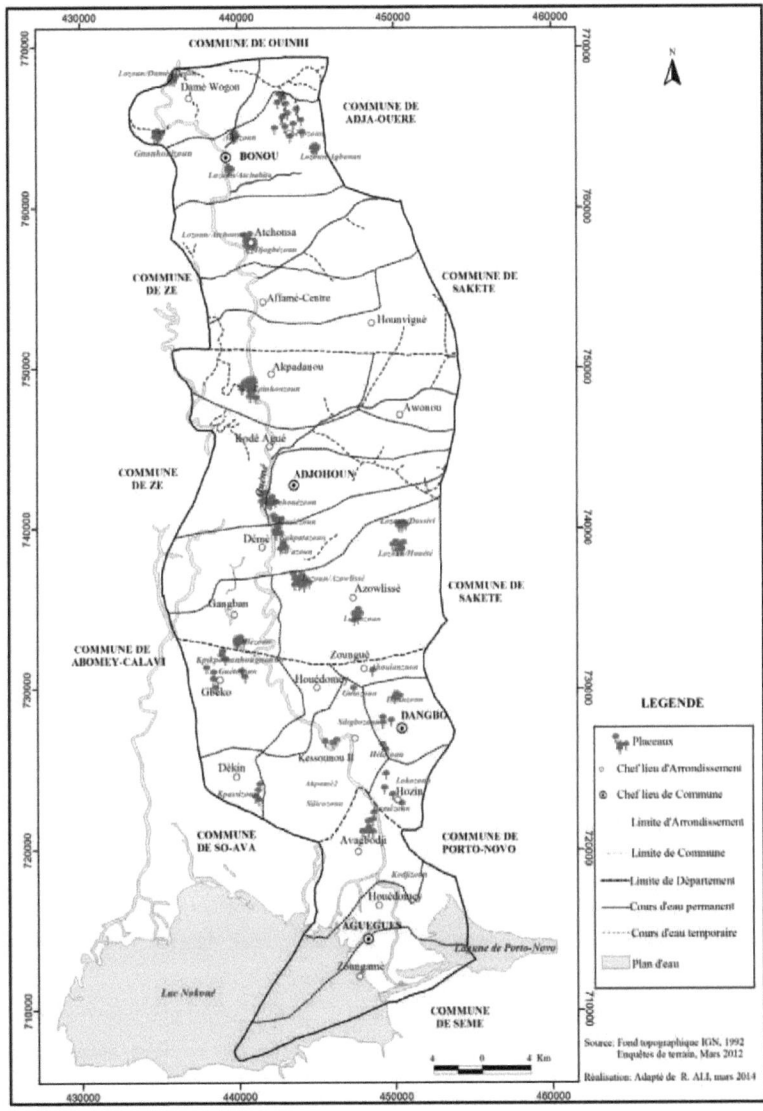

Figure 6 : Répartition des placeaux dans les forêts sacrées et communautaires

Les relevés floristiques sont effectués dans des placeaux circulaires de 18 m de rayon. Toutes les forêts dont la superficie est inférieure ou égale à celle de l'unité d'échantillonnage (1000 m^2) n'ont pas fait l'objet d'inventaire mais plutôt de sites d'observation. Les inventaires ont été réalisés strictement dans les noyaux préalablement trackés au GPS (figure 7).

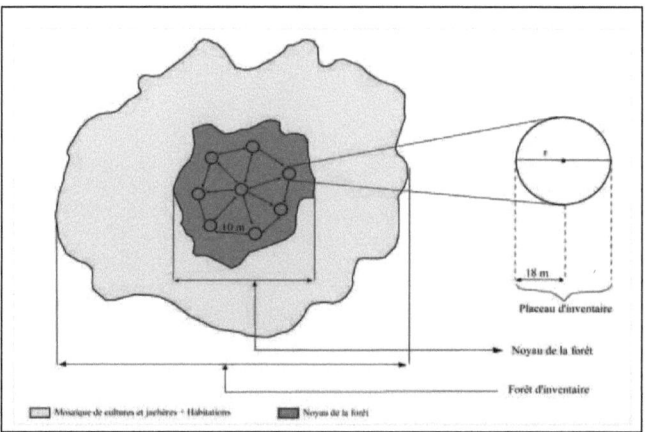

Figure 7: Dispositif d'échantillonnage dans les forêts sacrées et communautaires

Pour chaque relevé, les différents types d'informations collectées sont indiqués dans le tableau V de l'annexe III.

3.2.1.2. Méthode de relevés phytosociologiques

Les relevés phytosociologiques sont réalisés suivant la méthode sigmatiste de Braun-Blanquet (1932). Toutes les espèces (arbres, arbustes et herbes) ont été notées en présence/absence. La strate où l'espèce présente un développement maximal dans le placeau a été indiquée sans tenir compte des jeunes individus en transit dans les strates inférieures. Etant donné que, le concept de stratification ne reflète pas les conditions écologiques de toutes les forêts tropicales (Amougou, 1989), lors d'une première prospection dans les forêts sacrées et communautaires, tous les profils rencontrés ont été dessinés.

Les relevés ont été réalisés de 2010 à 2012 vers la fin de la saison pluvieuse (septembre-octobre) ; c'est une période au cours de laquelle les espèces sont en fleurs, notamment les herbacées facilitant ainsi la distinction des espèces sur le terrain.

A chaque espèce est affecté un coefficient d'abondance-dominance qui est selon Guinochet (1973), l'expression de l'espace relatif occupé par l'ensemble des individus de chaque espèce. A chaque classe d'abondance-dominance, correspond un recouvrement moyen noté RM (%) :

5 : espèce couvrant 76 à 100 % de la surface du relevé (RM = 87,5 %) ;

4 : espèce couvrant 51 à 75 % de la surface du relevé (RM = 62,5 %) ;

3 : espèce couvrant 26 à 50 % de la surface du relevé (RM = 37,5 %) ;

2 : espèce couvrant 6 à 25 % de la surface du relevé (RM = 15 %) ;

1 : espèce couvrant 1 à 5 % de la surface du relevé (RM = 3 %) ;

+ : espèce rares ou très peu abondante à recouvrement négligeable et couvrant moins de 1 % de relevé (RM = 0,5 %).

La fréquence en (%) de chaque espèce dans les différents groupes de forêts correspond au rapport entre le nombre de relevés où l'espèce est présente et le nombre total de relevés. Elle est répartie en cinq classes :

I: présence compris entre 1 et 20 % ;

II: présence comprise entre 21 et 40 % ;

III: présence comprise entre 41 et 60 % ;

IV: présence comprise entre 61 et 80 % ;

V: présence comprise entre 81 et 100 %.

i)   Identification des espèces

L'identification des espèces est faite soit directement sur le terrain, soit à partir des spécimens récoltés et comparés à ceux de l'Herbier National du Bénin ou à partir des flores (Arbonnier, 2002 ; Akoègninou *et al.*, 2006).

ii)   Mesures dendrométriques

Elles concernent le nombre d'individus de chaque espèce, le diamètre des ligneux de dbh ≥ 10 cm, la hauteur de l'arbre le plus haut et le degré d'ouverture de la strate arborescente. Le diamètre des ligneux de dbh ≥ 10 cm est mesuré à 1,30 m au-dessus du sol. La hauteur du plus grand arbre est obtenue à l'aide du clinomètre. Le degré d'ouverture de la strate arborescente dans les placeaux a été apprécié par cotation visuelle de ciel ouvert à travers le feuillage.

3.2.1.3. Méthode de traitement des données phytosociologiques

3.2.1.3.1. Ordination des relevés

Les espèces recensées dans chacun des relevés phytosociologiques ont été traitées en présence-absence puis regroupées en une matrice de données binaires (0 = absence ; 1 = présence). Cette matrice est soumise à une classification hiérarchique à l'aide du logiciel PC. Ainsi, les matrices brutes constituées ont été soumises à la DCA (Detrended Canonical Analysis) du logiciel PC ORD version 5. (McCune et Mefford, 1999).

3.2.1.3.2. Données dendrométriques

✓ **Sur les arbres et arbustes**

Dans les placeaux circulaires de 18 m de rayon, le diamètre à 1,30 m au-dessus du sol et la hauteur totale sont mesurés chez tous les individus de dbh $\geq$ 10 cm. Le degré d'ouverture de la canopée est évalué par cotation visuelle à travers le feuillage. Les classes proposées par Godron *et al.* cités par Kokou *et al.* (2000) ont été adoptées :

1 : strate fermée (recouvrement > 90 %) ;

2 : strate peu ouverte (recouvrement entre 75 et 90 %) ;

3 : strate assez ouverte (recouvrement entre 50 et 75 %) ;

4 : strate ouverte (recouvrement entre 25 et 50 %) ;

5 : strate très ouverte (recouvrement entre 10 et 25 %) ;

6 : strate extrêmement ouverte (recouvrement entre 0 et 10 %) ;

7 : strate totalement ouverte (recouvrement égal à 0 %).

3.2.1.3.3. Spectres biologiques

Les spectres biologiques sont déterminés à partir des types biologiques. Les spectres biologiques permettent d'observer la répartition des espèces dans les différentes formes de vie. Pour chaque groupe de forêt, un spectre brut qui reflète la présence, et un spectre pondéré qui prend en compte les coefficients de recouvrement moyen des espèces ont été établis. Les formes de vie sont celles définies par Raunkiaer (1934), qui prennent en compte essentiellement la position des bourgeons et la taille de l'individu. Elles comprennent:

- **les Phanérophytes**: sont des espèces dont les bourgeons pérennes émergents des parties aériennes de la plante. Ils sont subdivisés en quatre types en fonction de leur hauteur:

    * les mégaphanérophytes (MPh): hauteur supérieure à 30 m ;

    * les mésophanérophytes (mPh): hauteur comprise entre 8 m et 30 m ;

    * les microphanérophytes (mph): hauteur allant de 2 m à 8 m) ;

    * les nanophanérophytes (nph): hauteur comprise entre 0,5 m et 2 m.

- **Les Chaméphytes** (Ch): appareil végétatif nain, inférieur à 50 cm avec des bourgeons persistants protégés par des débris de plantes.

- **Les Hémicryptophytes** (Hc): sont des plantes se desséchant complètement pendant la mauvaise saison et dont les pousses et les bourgeons persistants ou de remplacement situés au niveau du sol ou à demi caché ;

- **Les Thérophytes** (Th) : sont des plantes annuelles passant la mauvaise saison sous forme des graines.

- **Les Géophytes** (G): sont des plantes possédant un appareil caulinaire caduc dont les bourgeons et les jeunes poussent se trouvent dans le sol.

- **Les Hydrophytes (Hy).**

Au sens strict, ce sont des plantes aquatiques dont les bourgeons persistants sont situés au fond de l'eau et dont le cycle de vie se passe entièrement dans l'eau.

- **Les Epiphytes (Ep)**

Ce sont des plantes qui se développent sur une autre plante, sur un arbre en général, qui ne constitue pour elles qu'un support. Elles sont alors des plantes non parasites.

- **Les Parasites (Par)**

Ce sont des plantes qui naissent spontanément et vivent aux dépens d'autres végétaux morts ou vivants.

3.2.1.3.4. Spectres phytogéographiques

Les spectres phytogéographiques ont été déterminés à partir des types phytogéographiques. Ces spectres phytogéographiques mettent en évidence la répartition des espèces selon leur aire de distribution et permettent de juger de la spécificité ou non d'un groupe de forêts. Pour chaque groupe de forêt, un spectre brut reflétant la présence et un spectre pondéré prenant en compte les coefficients de recouvrement moyen des espèces ont été calculés.

Les types phytogéographiques utilisés proviennent des subdivisions chorologiques de White (1983). Les espèces introduites ont été déterminées selon la codification de la flore d'Afrique occidentale (Lejoly et Richel, 1997). Ainsi, il a été retenu 3 groupes chorologiques :

SZ : Soudano-zambéziennes.

-   **Elément base :**

GC : espèces guinéo-congolaises.

3.2.1.3.5. Diversité spécifique

Elle indique le nombre d'espèces qui coexistent dans un habitat uniforme de taille fixe.

Elle a été étudiée pour chaque groupe de forêts sur le peuplement ligneux et s'est interprétée sur la base des indices ci-après : la richesse spécifique (R), l'indice de diversité de Shannon (H') (1949) et l'équitabilité de Pielou (E) (1966). Ces indices fournissent plusieurs renseignements, notamment sur la qualité et la fonctionnalité des peuplements (diversité, interaction, etc.), la viabilité ou non des peuplements (nombre d'individus et diversité génétique); l'évolution des peuplements.

i) Richesse spécifique

C'est le nombre d'espèces présentes dans les groupes de forêts. Elle est notée (S). Elle est déterminée ici par groupe de forêt.

ii) Indice de diversité de Shannon (1948)

L'indice de Shannon varie à la fois en fonction du nombre d'espèces présentes et en fonction de la proportion relative des individus des diverses espèces. Il varie généralement de 0 à 5 et s'exprime en bits. Cet indice a pour formule :

$$H = - \sum_{I=1}^{S} p_i log_2 p_i \,;$$

Pi (compris entre 0 et 1) est la proportion relative de l'effectif des individus d'une espèce i dans l'ensemble des individus de toutes les espèces concernées;

$Pi = n_i / \sum n_i \,;$ avec n_i comme effectif des individus de l'espèce i et $\sum n_i$ comme l'ensemble des individus de toutes les espèces.

Un indice de diversité de Shannon élevé correspond à des conditions du milieu favorables à l'installation de nombreuses espèces, c'est le signe d'une grande stabilité du milieu (Dajoz, 1985). Cet indice mesure la richesse spécifique de toutes les espèces. Il est utile car sa valeur augmente non seulement en fonction du nombre d'espèces, mais aussi selon l'abondance relative de chaque espèce dans la communauté. Les valeurs élevées de H traduisent les conditions favorables du milieu pour l'installation de nombreuses espèces. Par contre, les valeurs faibles de H traduisent les conditions défavorables du milieu pour l'installation des espèces. Quant H est comprise entre [0- 2,5], H supposé faible, on note la dominance d'une seule espèce ou d'un petit nombre d'espèces, sur l'ensemble des espèces de la communauté. Quand H est compris entre [2,6 – 3,9], H est supposé moyen. Enfin, quand H est compris entre [4 - 6], H est supposé élevé, les espèces tendent vers l'équiprobabilité, cas des stations isotropes.

iii) Equitabilité de Pielou (E) (1966)

L'équitabilité de Pielou ou la régularité est une mesure du degré de diversité atteint par le peuplement et correspond au rapport entre la diversité effective (H) et la diversité maximale théorique (H_{max}) qui est égale au log à base 2 du nombre de taxons (Oumorou, 2003). Elle est ainsi déterminée à partir de la formule suivante :

$$R = H / Hmax = H / log_2 S$$

L'équitabilité de Pielou varie entre 0 et 1. Elle tend vers 0 quand la quasi-totalité des effectifs correspond à une seule espèce du peuplement, et tend vers 1 lorsque chacune des espèces est représentée par le même nombre d'individus ou le même recouvrement. L'équitabilité de Pielou élevée peut être alors le signe d'un peuplement équilibré (Dajoz, 1985). E comprise entre [0 ; 0,6], équitabilité de Pielou faible, présence de dominance d'espèces, E comprise entre [0,7 ; 0,8], équitabilité moyen, E comprise entre [0,8 ; 1], équitabilité de Pielou élevé, absence de dominance.

La diversité Beta a été déterminée à partir de l'indice de similarité de Jaccard (1901). Cet indice qui est calculé par le logiciel CAP (Pisces Conservation, 2002) permet d'apprécier les dissemblances des différents groupes. Il se traduit par la formule :

iv) Coefficient de similarité

Il représente le nombre de cas de présence simultanée de deux espèces considérées, divisé par le nombre de cas où au moins l'une des deux est présente. Il se traduit par la formule :

$$Ij = (C \times 100) / (A + B)$$

A = nombre d'espèces du groupe 1 ;

B = nombre d'espèces du groupe 2 ;

C = nombre d'espèces communes aux groupes 1 et 2 ;

Si **Ij** < 50 % alors les groupes 1 et 2 sont dissemblants et si **Ij** > 50 % alors les groupes 1 et 2 sont similaires.

v) L'indice de Simpson (D) (1949)

L'indice de Simpson mesure la probabilité que deux individus sélectionnés au hasard appartiennent à la même espèce:

$$D = \sum_{i=1}^{n} \frac{n_i(n_i - 1)}{n(n - 1)}$$

n_i et n ayant les mêmes valeurs qu'au niveau de l'indice de Shannon.

Cet indice a une valeur égale à 0 pour le maximum de dominance et une valeur de 1 pour le minimum de dominance. Dans le but d'obtenir des valeurs de diversité spécifique, on peut préférer l'indice de diversité de Simpson représenté par « *1-D* » dans ce cas, le maximum de diversité est représenté par la valeur 1 et le minimum de diversité par la valeur 0 (Pielou, 1966). L'indice de Simpson donne plus de poids aux espèces abondantes qu'aux espèces rares.

3.2.1.3.6. Paramètres structurales

La densité (D) des ligneux est calculée selon la formule :

$$D = N \times 10000/S$$

D: nombre de tiges/ ha ; N : nombre de tiges ayant au moins 10 cm de diamètre ; S : superficie inventoriée rapportée à l'hectare.

i) Surface terrière

Elle est notée G_i et est calculée par la formule :

$$G_i = \pi/4 \sum d^2$$

G_i en m^2 / ha; d: diamètre (m) à 1,30 m au-dessus du sol.

ii) Diamètre de l'arbre de surface terrière réelle moyenne (Dg, en cm).

Il est obtenu par la relation : $\quad D_g = \sqrt{\frac{1}{n}\sum_{i=1}^{n} d_{vi}^2}$

avec n : nombre d'arbres du placeau et d_{vi} : diamètre (cm) de l'arbre vivant i.

iii) Structure diamétrique

Les structures en diamètre sont révélatrices des événements liés à la vie des peuplements (Rondeux, 1999). Les structures en diamètre sont en général des histogrammes construits à partir des fréquences relatives de classes de diamètre d'amplitude égales. Dans le souci d'une caractérisation détaillée des groupes de forêts, des histogrammes basés sur la densité en tiges des classes les plus informatifs ont été préférés. Les amplitudes choisies sont de 10 cm. Les densités observées sont calculées par classe de diamètres suivant la formule (Glèlè Kakaï et Bonou, 2010).

$$d_{obsi} = \frac{n_i}{n_p \, S} \cdot ; \qquad\qquad (1)$$

où d_{obsi} = densité observée en arbres/ha de la classe i ; n_i = nombre d'arbres dénombrés pour la classe i ; n_p = nombre total de placeaux considérés et S = superficie d'un placeau en ha.

Pour mieux interpréter les structures en diamètre des groupes de forêts, la distribution de Weibull à trois paramètres a été préférée car, depuis une vingtaine d'années, elle connaît un grand succès et ceci pour deux raisons essentielles (Bailley et Dell, 1973) : une grande flexibilité et l'existence d'une forme explicite de sa fonction de répartition. La fonction de répartition de la distribution de Weibull est décrite dans la formule ci-dessous :

$$f(x) = \frac{c}{b}\left(\frac{x-u}{b}\right)^{c-1} \exp\left[-\left(\frac{x-u}{b}\right)^{c}\right]$$

(2)

x = diamètre des arbres ; f(x) = valeur de densité de probabilité au point x ;

a = paramètre d'origine (ou de position), il est égal à 0 si toutes les catégories d'arbres sont considérées (des plantules jusqu'aux semenciers), il est non nul si les arbres considérés ont un diamètre supérieur ou égal à; b = paramètre d'échelle ou de taille ; il est lié à la valeur centrale des diamètres des arbres du peuplement considéré; c = paramètre de forme lié à la structure en diamètre considéré. La distribution de Weibull peut prendre plusieurs formes selon la valeur du paramètre de forme **c**.

L'estimation des paramètres a, b, c se fait à partir des données de diamètre des arbres grâce à un algorithme basé sur la méthode du maximum de vraisemblance disponible dans le logiciel Minitab 14 ou dans le langage MatLab (version R2006a). Les fréquences théoriques (fc) des classes établies sont ensuite calculées. Les densités théoriques d'arbres des classes de diamètres sont alors calculées suivant la formule:

$$dthi = \frac{n_a f_c}{n_p s} \qquad (3)$$

avec d_{thi} la densité théorique en arbres/ha de la classe i ; n_a le nombre total d'arbres échantillonnés pour le peuplement considéré, f_c est la fréquence théorique de la classe considérée ; n_p et s gardent les mêmes définitions que dans la formule (1).

Enfin, le test d'ajustement de la distribution observée à la distribution de Weibull a été réalisé avec le logiciel SAS version 9.2.

3.3. Identification des indicateurs de menace et de pression qui pèsent sur la composition floristique des forêts sacrées et communautaires

3.3.1. Perceptions des populations sur les déterminants directs et indirects de dégradation des forêts sacrées et communautaires

Les enquêtes socio-économiques ont été réalisées afin d'avoir le point de vue des populations sur les facteurs directs et indirects de dégradation des espèces végétales des forêts sacrées et communautaires.

3.3.1.1. Outils et données collectées liés à la perception des populations sur les facteurs de dégradation des espèces végétales des forêts sacrées et communautaires

Le questionnaire a été l'outil principal utilisé. Il a permis de collecter les informations tels que : la connaissance ou non des forêts sacrées et communautaires, l'utilisation ou non des espèces végétales des forêts sacrées et communautaires, les facteurs directs et indirects de dégradation des espèces végétales, le poids de chaque facteur direct dans la dégradation des espèces végétales, les raisons qui sous-tendent le poids accordé à chaque facteur direct. Les facteurs directs étant quantitatifs et visibles dans les forêts inventoriées, chaque enquêté est amené à attribuer un score à chaque facteur direct selon son importance dans la dégradation des espèces végétales des forêts sacrées et communautaires. Quant aux facteurs indirects, ils sont qualitatifs et invisibles dans les forêts, ce qui n'a pas permis de les hiérarchiser par ordre d'importance, mais, ils ont été cités par les acteurs enquêtés.

3.3.1.2. Échantillonnage lié à la perception des populations sur les facteurs de dégradation des espèces végétales des forêts sacrées et communautaires

Les statistiques sur l'effectif des principaux acteurs (Chefs coutumiers, Autorités religieuses, Chefs ménages) dont les activités affectent directement les espèces végétales des forêts sacrées et communautaires n'étant pas disponibles, une pré-enquête a été effectuée afin d'identifier ces acteurs. Seuls les Chefs ménages (hommes et femmes) vivant dans la périphérie des forêts sacrées et communautaires et utilisant les espèces végétales de ces forêts ont été recensés et enquêtés. De même, seules les autorités religieuses et les Chefs coutumiers qui s'intéressent aux forêts sacrées et communautaires ont été pris en compte. L'enquête a permis de recenser 501 acteurs (tableau III). Tous les 501 acteurs recensés ont été enquêtés, soit un taux d'échantillonnage de 100 %.

Tableau III : Répartition des interlocuteurs par catégories

Catégories	Effectif	Pourcentage (%)
Chefs Ménages	356	71,05
Chefs coutumiers	92	18,36
Autorités religieuses	53	10,57
Total	**501**	**100**

Source : Travaux de terrain, juillet 2012

3.3.1.3 Technique de collecte des données liées à la perception des populations sur les facteurs de dégradation des espèces végétales des forêts sacrées et communautaires

Les travaux d'inventaire forestier réalisés dans le cadre de l'objectif spécifique 1 ont permis, grâce à l'observation directe sur le terrain, d'identifier les facteurs directs qui affectent la végétation des espèces végétales des forêts sacrées et communautaires. Une enquête exploratoire approfondie dans les villages riverains des forêts sacrées et communautaires de la basse vallée de l'Ouémé a permis de répertorier également les facteurs indirects qui soustendent les déterminants directs de dégradation.

L'interview par enquêteur et spécifiquement le face-à-face a été utilisé car il permet d'atteindre le plus fort taux de réponses au plus grand nombre de questions (Ghiglione & Matalon, 1978 ; Combessie, 2001; Arouna, 2012). Chaque interlocuteurs a été invité à attribuer 10 points sur chacun des facteurs directs selon son importance dans la dégradation des espèces végétales des forêts sacrées et communautaires (Kiansi, 2011). Ceci permettra aux décideurs de savoir par ordre d'importance les actions à mener pour la sauvegarde de ces forêts. Au total, 5010 point ont été répartis sur les 5 facteurs directs identifiés par les 501 répondants.

Après ces entretiens individuels, des focus groups ont été organisés auprès des acteurs exploitant les espèces végétales des forêts sacrées et communautaires. Le but visé ici est d'avoir une perception croisée de tous les acteurs dont les activités touchent la dégradation de la végétation et ceci commune par commune. Ainsi, 4 focus-groups à raison de 6 à 7 personnes par groupe ont été animés dans les Communes de Adjohoun, Aguégués, Bonou et Dangbo.

3.3.1.4. Dynamique des forêts sacrées et communautaires

La dynamique des superficies des forêts sacrées et communautaires a été faite grâce aux informations de terrain et à l'interprétation des images satellitaires. En effet, les travaux de terrain ont consisté dans un premier temps, à identifier les limites authentiques et actuelles de chaque forêt sous la conduite des responsables locaux en charge de la gestion des forêts ou des personnes ressources susceptibles de fournir des informations fiables sur les forêts. Ensuite, à évaluer à l'aide du GPS à travers le système de tracking, les superficies totales des îlots en parcourant la limite indiquée par les personnes ressources.

La cartographie de la végétation sur la base du SIG a consisté en l'interprétation visuelle des images Landsat TM (Thematic Mapper) 1986, 2000 et 2010, la classification "supervisée", le "contrôle terrain" à partir de l'image classifiée, l'exportation de la classification dans Arc View 3.3 suivie de la digitalisation des forêts sacrées et communautaires. La classification "supervisée" est réalisée par la logique floue et les objets sont classifiés en utilisant les techniques de "plus proches voisins" ainsi que des fonctions statistiques d'appartenance (Ourab et al., 2003 ; Palatucci et Mitchell, 2007).

3.3.1.5. Durée de vie d'une forêt sacrée et communautaire

Dans le but d'attirer l'attention des populations sur l'éventuelle disparition des forêts sacrées et communautaires si les pressions actuelles se maintenaient, une durée de vie de ces forêts sacrées et communautaires a été calculée.

La durée de vie d'une espèce *(D)* est égale à l'inverse de son taux d'extinction *(T)*. Le taux d'extinction d'une forêt sacrée et communautaire *(T)* est le nombre de forêt sacrée et communautaire qui disparaît par unité de temps *(Δn)* sur le nombre total de forêt sacrée et communautaire de départ *(n)* : $T = Δn/n$ *(forêt sacrée et communautaire par nombre de forêt sacrées et communautaires de départ*) = taux d'extinction, $D = 1/T = n/\Delta n$ = durée de vie d'une forêt sacrée et communautaire. Cette formule a été inspirée de (Sinsin, 2007) et utilisée par (Ehinnou, 2014).

Le taux d'extinction (T) des forêts sacrées et communautaires a été déterminé par rapport au nombre investigué qui est de 27 forêts sacrées et 8 communautaires, le nombre de forêt disparu est de 4 forêts. L'unité de temps ici est de 14 ans, c'est-à-dire depuis 1998 où les forêts sacrées et communautaires ont été recensées au Bénin par (Agbo et Sokpon, 1998).

3.3.2. Traitement des données

Les scores de dégradation attribués par les répondants à chaque facteur direct de dégradation de la végétation des forêts sacrées et communautaires ont été regroupés par catégories d'acteurs. Le critère de regroupement adopté est le score moyen (S_m) (Kiansi, 2011) et a pour formule :

$$S_{m_f} = \frac{1}{n} \sum_{j=1}^{n} S_f^i$$

Où S_{m_f} : Score moyen du facteur f ; S_f^i Score attribué au facteur f par l'enquêté j dans la catégorie i d'acteurs ; n : Nombre total d'interlocuteurs dans la catégorie considérée.

Un classement des facteurs a été fait sur la base du score moyen en fonction des catégories en prenant comme facteur de rang 1 celui qui possède le plus grand score moyen.

Par ailleurs, l'évolution des superficies des forêts sacrées et communautaires a été déterminée sur la base des données de terrain et des informations numérisées à partir des images Landsat TM, 1986, 2000 et 2012. Les points GPS marquant les limites des forêts collectées lors des travaux de terrain ont été confrontées aux informations existantes sur les images avant d'être finalisées.

Les logiciels Minitab et Excel ont permis de calculer également les fréquences, les pourcentages et les moyennes. Le test d'indépendance de Chi carré de Pearson a été effectué pour tester les résultats obtenus.

3.4. Évaluation des valeurs socioculturelles et économiques accordées aux espèces végétales des forêts sacrées et communautaires de la basse vallée de l'Ouémé.

L'évaluation des valeurs socioculturelles et économiques des espèces végétales des forêts sacrées et communautaires a été faite à travers l'importance relatives, la diversité d'usage et l'équitabilité d'usage de chaque espèce végétale. A cet effet, une enquête ethnobotanique a été effectuée auprès des groupes socioculturels du secteur d'étude.

3.4.1. Méthodes de collecte des données

3.4.1.1. Échantillonnage

Les travaux réalisés dans le cadre de la détermination des facteurs directs et indirects de dégradation des forêts sacrées et communautaires dans le cadre de l'objectif spécifique 2 ont permis déjà d'avoir le répertoire des chefs ménages vivant dans la périphérie des forêts sacrées et communautaires et utilisant les espèces végétales de ces forêts. Ce répertoire est de 356 personnes composées des chefs ménages (hommes et femmes), expérimentés dans l'utilisation des plantes des forêts sacrées et communautaires ainsi que, dans la pratique de la phytothérapie et appartenant à 4 groupes socioculturels (Wémè, Goun, Fon et les autres). Ce sont les groupes socioculturels minoritaires (Adja, Nagot, Bariba, Dendi, etc.) qui sont considérés comme un seul groupe qualifié de ''autres''. Toutes les 356 personnes ont été enquêtées à l'aide des fiches d'enquêtes ethnobotaniques, soit un taux d'échantillonnage de 100 % (tableau IV).

Tableau IV: Répartition des groupes socioculturels cibles

Groupes socioculturels	Effectif	Pourcentage (%)
Wémè	100	28,08
Goun	100	28,08
Fon	100	28,08
Autres	56	15,73
Total	**356**	**100**

Source : Travaux de terrain, octobre 2012

L'observation du tableau IV montre que 100 Gouns, 100 Wémè, 100 Fon et 56 (autres) ont été interrogés dans les ménages. Une répartition (même nombre d'individus pour chaque groupe socioculturel) est faite suivant les trois (3) groupes socioculturels dominants recensés au cours des travaux de l'objectif spécifique 2.

3.4.1.2. Technique de collecte des données

Les questionnaires adressés aux groupes cibles constitués de 4 groupes socioculturels, de 11 vendeuses de plantes, de 20 dignitaires, de 21 dignitaires des églises modernes et de 22 traditherapeutes ont permis d'obtenir des informations sur les usages des espèces végétales exploitées, les organes utilisés et le mode de prélèvement. L'interview est basée sur le dialogue en langue locale ou en français. Les rubriques de l'interview concernent notamment des informations sur les parties de la plante utilisée, les méthodes de préparation, les maladies guéries et la posologie. Les diverses maladies traitées par les vendeuses phytothérapeutes sont également recensées et comparées avec celles citées par les Chefs de ménages.

Les informations sur le « diagnostic des maladies » (symptômes ou effets physiologiques) ont été également recueillies auprès des agents de santé locaux et complétées par la revue bibliographique (Adjanohoun *et al.*, 1989). Pour une exploitation pratique des données et une harmonisation avec le système international, les problèmes de santé cités ont été distingués en grands groupes de maladies selon la dernière classification des maladies proposée par l'Organisation Mondiale de la Santé et adaptée par l'Organisation de l'Unité Africaine (OUA) pour la pharmacopée africaine (Adjanohoun *et al.*, 1996).

3.4.1.3. Méthode de traitement

Le dépouillement des fiches d'enquêtes ethnobotaniques et d'entrevues a été fait de façon manuelle. Toutes les données recueillies sont encodées dans une base grâce au logiciel Excel 2007. Les tableaux sont réalisés avec le logiciel Word 2007, les diagrammes et courbes avec le tableur Excel 2007.

Plusieurs autres paramètres ont été calculés afin d'apprécier l'importance des espèces végétales recensées dans les forêts sacrées et communautaires.

> ➢ **Importance relative des espèces**

Elle a été évaluée à travers la valeur d'usage (UV_s) de chaque espèce identifiée ; elle correspond au nombre moyen d'usages que les interlocuteurs connaissent par espèce (Byg et Balslev, 2001). Elle se traduit par la formule : $UV_s = \frac{1}{n}\sum_{i=1}^{n} UV_{is}$

UV_{is} : Nombre d'usages de l'espèce s que connait le répondant i ; n : nombre total de répondants.

> ➢ **Diversité d'usage (UD_s)**

Elle exprime le nombre de catégories d'usage dans lesquelles l'espèce est exploitée et comment elles contribuent à l'utilité totale de l'espèce (Byg & Balslev, 2001). Elle s'exprime par : $UD_s = \frac{1}{\sum_{c=1}^{n} P_c^2}$

P_c : Contribution de la catégorie d'usage c à l'utilité totale de l'espèce s.

Elle varie entre 0 à 1. Elle traduit le nombre de catégorie d'usage dans lesquelles l'espèce est utilisée.

> **Equitabilité d'usage (UE$_s$)**

L'équitabilité d'usage exprime comment les différents usages contribuent à l'utilité totale de l'espèce indépendamment du nombre de catégories d'usage (Byg & Balslev, 2001). Elle est calculée à travers la formule suivante :

$$UE_s = \frac{UD_s}{UD_{s\,max}}$$

$UD_{s\,max}$: Diversité d'usage maximale de l'espèce s obtenue sur l'ensemble des catégories d'usage. Elle varie entre 0 et 1.

> **Valeur d'abondance (AVs)**

La valeur d'abondance exprime la disponibilité de l'espèce selon la perception des répondants. Elle est calculée pour chaque espèce à partir de la formule suivante :

$$AV_s = \frac{1}{n} \sum_{i=1}^{k} A_i$$

A_i : Score d'abondance attribué à l'espèce i par chaque enquêté $(A_i = \{1, 2, 3\})$.

N : nombre total d'enquête.

Les logiciels SPSS 17.0 et Minitab 14 ont permis de tester les résultats obtenus afin de s'assurer de leur significativité.

3.4.1.4. Tests statistiques

Le test de Kolmogorov-Smirnov est utilisé pour tester la normalité des données. Les tests paramétriques ont été utilisés pour comparer les moyennes.

Les tests non-paramétriques ont été utilisés en cas de non-normalité des données afin de comparer les médianes et déterminer les intervalles interquartiles.

Les correspondances non-paramétriques des tests précédemment évoqués à savoir le test de Kruskal–Wallis (H) et de Mann–Whitney (U) sont utilisés en absence de normalité.

Afin d'appréhender une éventuelle relation entre la valeur d'usage et l'abondance des espèces selon les répondants, le test de corrélation de Pearson a été utilisé. Les résultats du test ont permis en se basant sur l'hypothèse selon laquelle les espèces dominantes sont celles qui possèdent les fortes valeurs d'usage (Lucena *et al.*, 2007) de dégager les espèces sous pression eu égard à leur statut au plan national (Adomou *et al.*, 2005). De ce fait, les mesures de conservation seraient envisagées pour leur pérennisation.

3.5. Pour une durabilité des forêts sacrées et communautaires de la vallée de l'Ouémé

Pour atteindre cet objectif, les propositions recueillies lors des diverses séances de focus group et enquêtes de terrain réalisés auprès des chefs coutumiers, des notables, des fidèles des églises , des sages, des forestiers et des chefs de ménages lors de la collecte des données relatives aux objectifs spécifiques OS2 et OS3 ont été traités et analysés. L'observation visuelle et le modèle SWOT: Strengths, Weaknesses, Opportunities and Threats (Forces, Faiblesses, Opportunités et Menaces) ont aidé à l'analyse des résultats obtenus (figure 8).

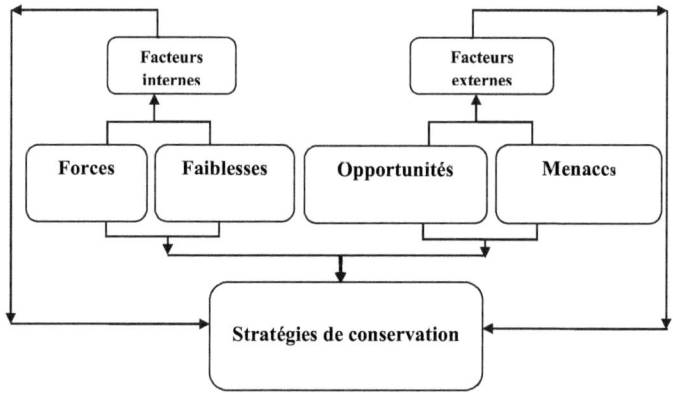

Figure 8 : Modèle d'analyse SWOT
Source : Learned ; 1965

Le modèle SWOT permet d'identifier les facteurs (physiques, humains et socioéconomiques) internes et externes qui influencent une situation (Learned, 1965). Les facteurs internes concernent les forces/atouts et faiblesses tandis que les facteurs externes s'intéressent aux opportunités et menaces qui agissent sur le système analysé. L'identification des facteurs permet de définir des stratégies efficaces pouvant permettre de maximiser les forces et les opportunités, de minimiser l'impact des faiblesses et menaces, et, si possible, les transformer en force ou opportunités. Ainsi, l'analyse des variables telles que l'occupation spatiale et l'identification des facteurs de cette dynamique de même que des conséquences des pressions de la population sur l'écologie des forêts sacrées et communautaires ont permis grâce à l'utilisation de cette approche méthodologique d'obtenir un certains nombre de résultats.

En somme, l'approche méthodologique adoptée a permis de combiner les travaux de terrain avec les travaux de laboratoire.

Conclusion partielle

La première partie du document a permis de poser le problème et de clarifier certains mots ou groupe de mots clés pour une meilleure compréhension du sujet. Les caractéristiques physiques du milieu favorisent la présence des formations boisées, notamment les forêts sacrées et communautaires et le développement des espèces végétales. Les méthodes utilisées notamment l'identification des forêts sacrées et communautaires, les relevés phytosociologiques, la perception des populations sur les facteurs directs et indirects de dégradation, l'importance des espèces végétales ont permis de concilier les travaux de terrain avec ceux du laboratoire. Les résultats obtenus sont organisés suivant les objectifs spécifiques et présentés dans la deuxième et la troisième partie du document.

DEUXIÈME PARTIE :

ÉTUDE DES PARAMÈTRES ÉCOLOGIQUES, DES PARAMÈTRES DENDROMÉTRIQUES ET IDENTIFICATION DES INDICATEURS DE MENACE ET DE PRESSION

La deuxième partie du document comprend trois chapitres à savoir : le chapitre IV qui traite des paramètres écologiques des forêts sacrées et communautaires; le chapitre V aborde l'étude des paramètres dendrométriques et le chapitre VI est consacré à l'identification des indicateurs de menace et de pression qui pèsent sur les forêts sacrées et communautaires.

L'ensemble de ces chapitres a permis de faire une analyse systémique de la végétation des forêts sacrées et communautaires.

CHAPITRE IV : ÉTUDE DES PARAMÈTRES ÉCOLOGIQUES

Les paramètres écologiques ont été analysés par groupe de forêts. Les groupes ont été décrits suivant la composition floristique, la diversité spécifique et les types biologiques phytogéographiques.

4.1. Typologie des groupes de forêts de fétiches

A partir de 114 relevés et 160 espèces, le dendrogramme a permis d'identifier (8) groupes de forêts fétiches au seuil de 65 % (figure 9). Les (8) groupes obtenus sont :

- Groupe (G1) : forêts fétiches à *Sorindeia grandifolia* et *Strophanthus hispidus* ;
- Groupe (G2) : forêts fétiches à *Bombax buonopozense* et *Chassalia kolly* ;
- Groupe (G3) : forêts fétiches à *Carpolobia lutea* et *Caloncoba echinata* ;
- Groupe (G4) : forêts fétiches à *Clausena anisata* et *Celtis prantlii* ;
- Groupe (G5) : forêts fétiches à *Pierreodendron kerstingii* et *Piper guineense ;*
- Groupe (G6) : forêts fétiches à *Zanthoxylum leprieurii* et *Triplochiton scleroxylon* ;
- Groupe (G7) : forêts fétiches à *Icacina trichantha* et *Dracaena surculosa ;*
- Groupe (G8) : forêts fétiches à *Maranthes robusta* et *Mallotus oppositifolius.*

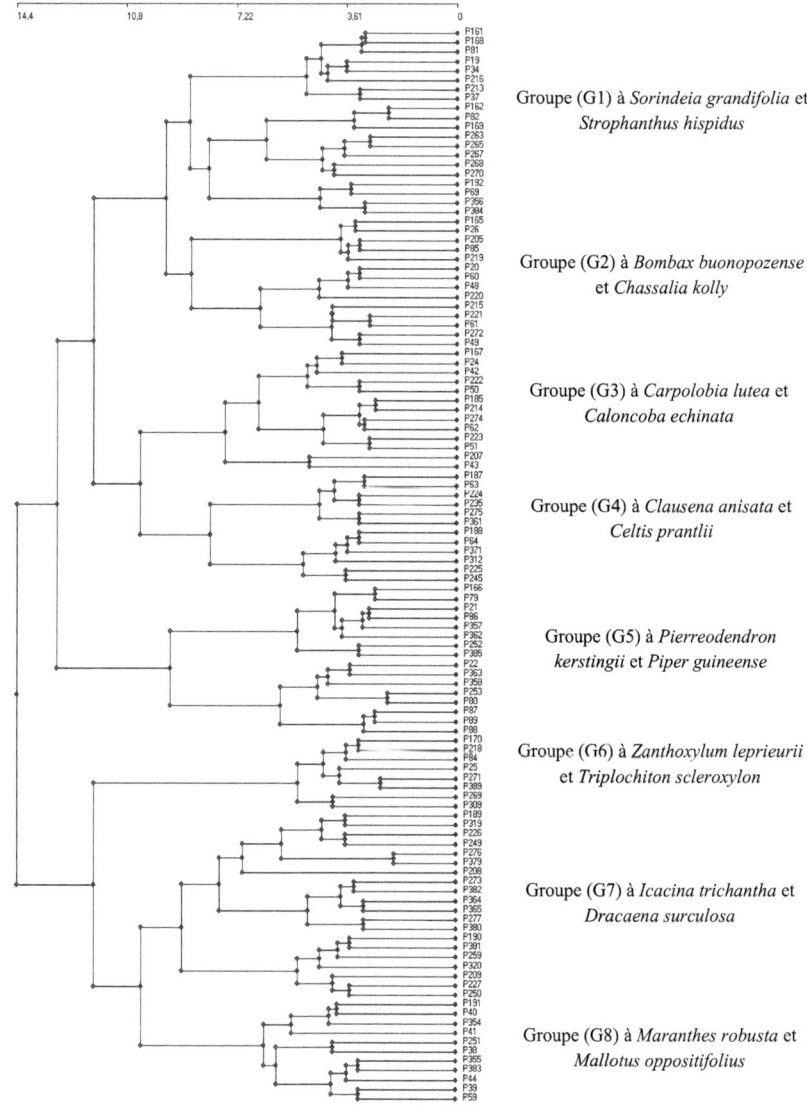

Figure 9 : Dendrogramme des groupes de forêts fétiches

Groupe (G1) à *Sorindeia grandifolia* et *Strophanthus hispidus*

Groupe (G2) à *Bombax buonopozense* et *Chassalia kolly*

Groupe (G3) à *Carpolobia lutea* et *Caloncoba echinata*

Groupe (G4) à *Clausena anisata* et *Celtis prantlii*

Groupe (G5) à *Pierreodendron kerstingii* et *Piper guineense*

Groupe (G6) à *Zanthoxylum leprieurii* et *Triplochiton scleroxylon*

Groupe (G7) à *Icacina trichantha* et *Dracaena surculosa*

Groupe (G8) à *Maranthes robusta* et *Mallotus oppositifolius*

4.1.1. Degré de similitude des groupes de forêts fétiches

Le tableau V présente le degré de similitude des groupes de forêts fétiches à travers l'indice de Jaccard (1901).

Tableau V : Indice de similitude de Jaccard des groupes de forêts fétiches

	G1	G2	G3	G4	G5	G6	G7	G8
G1								
G2	0,25							
G3	0,26	0,31						
G4	0,33	0,31	0,38					
G5	0,38	0,25	0,27	0,33				
G6	0,30	0,37	0,27	0,36	0,27			
G7	0,35	0,3	0,35	0,38	0,28	0,25		
G8	0,37	0,32	0,29	0,32	0,25	0,43	0,35	1

Source: Travaux de terrain, mars 2012

De l'observation du tableau V, il ressort que les groupes de forêts fétiches sont dissemblables au seuil de 50 %. Les valeurs obtenues sont inférieures à 0,50.

4.1.2. Structure verticale des forêts fétiches

Les forêts fétiches sont représentatives d'une forêt dense semi- décidue. Dans cette formation végétale, les arbres et les arbustes atteignent diverses hauteurs. Une forte proportion d'arbres reste défeuillée pendant la saison sèche. Trois grandes strates ont été observées dans ces forêts. Il s'agit de la strate sous – arbustive qui est extrêmement ouverte et dominée par les espèces *Paullinia pinnata, Cola milenii, Newbouldia laevis, Parkia biglobosa*. La strate arbustive très ouverte et composée des espèces comme *Lecaniodiscus cupanioides, Albizia glabeberrima, Cynometra megalophylla, Manilkara multinervis*. La strate arborescente assez ouverte et dominée par les espèces telles que : *Antiaris toxicaria, Ceiba pentandra, Cola gigantea, Dialium guineense, Berlina grandiflora, Ficus lutea* (figure 10).

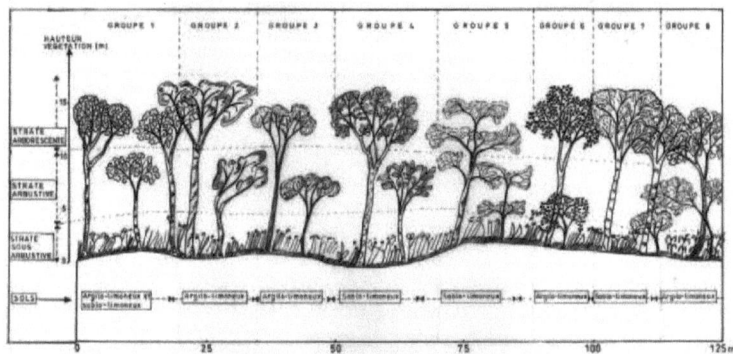

Figure 10: Profil structural des forêts fétiches de la basse vallée de l'Ouémé

Légende : Groupe (G1) : forêts fétiches à *Sorindeia grandifolia* et *Strophanthus hispidus* ; Groupe (G2) : forêts fétiches à *Bombax buonopozense* et *Chassalia kolly* ; Groupe (G3) : forêts fétiches à *Carpolobia lutea* et *Caloncoba echinata*; Groupe (G4) : forêts fétiches à *Clausena anisata* et *Celtis prantlii*; Groupe (G5) : forêts fétiches à *Pierreodendron kerstingii* et *Piper guineense* ; Groupe (G6) : forêts fétiches à *Zanthoxylum leprieurii* et *Triplochiton scleroxylon* ; Groupe (G7) : forêts fétiches à *Icacina trichantha* et *Dracaena surculosa* ; Groupe (G8) : forêts fétiches à *Maranthes robusta* et *Mallotus oppositifolius.*

4.1.3. Description des groupes obtenus dans les forêts fétiches

La description des groupes de forêts obtenus est faite à partir des caractéristiques écologiques et floristiques.

4.1.3.1. Caractéristiques écologiques et floristiques du Groupe de forêts fétiches à *Sorindeia grandifolia* et *Strophanthus hispidus*

Le cortège floristique du groupe de forêts fétiches à *Sorindeia grandifolia* et *Strophanthus hispidus* est constitué de 71 espèces réparties en 66 genres et 32 familles. Les familles les plus dominantes sont Leguminosae (Fr = 21 %), Apocynaceae (Fr =7 %), Sterculiaceae (Fr = 7 %) et Moraceae (Fr = 5 %).

Le nombre moyen d'espèces par relevé est de 11,84. L'indice de diversité de Shannon est de 4,43 bits avec une équitabilité de Pielou de 0,81. Ces valeurs élevées des indices de diversité de Shannon et de l'équitabilité de Pielou montrent que le groupe est favorable à l'installation d'un grand nombre d'espèces et qu'aucune espèce ne domine l'autre.

52

4.1.3.1.1. Spectres des types biologiques et types phytogéographiques

Les spectres des types biologiques et des types phytogéographiques du groupe de forêts fétiche à *Sorindeia grandifolia* et *Strophanthus hispidus* sont présentées par la figure 11.

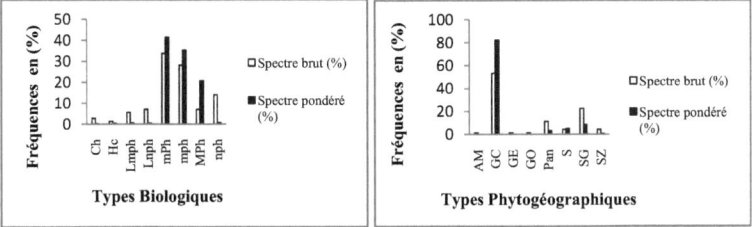

(a)   Types biologiques   (b) Types phytogéographiques

Figure 11 : Spectres bruts et pondérés des types biologiques et des types phytogéographiques du groupe de forêts fétiches à *Sorindeia grandifolia* et *Strophanthus hispidus*

L'analyse de la figure 11a montre l'abondance et la dominance des mésophanérophytes avec des fréquences respectives de (41 %) et (34 %) suivies des microphanérophtyes (28 %) et (35 %). Les Chaméphytes, les mégaphanérophytes, les nanophanérophytes et les phanérophytes lianescentes ou grimpantes sont faiblement représentées.

En ce qui concerne les types phytogéographiques, la figure 11b montre l'abondance (54 %) et la dominance (82 %) des espèces Guinéo-congolaises suivies des espèces Soudano-guinéennes et des espèces pantropicales. Les espèces Soudano-zambéziennes introduites sont faiblement représentées dans ce groupe de forêts. La présence des espèces pantropicales dans ce groupe témoigne de la perturbation qu'a subit ce groupe avec la présence des espèces telles que : *Mangifera indica, Cocos nucifera, Acacia auriculiformis*. Mais, l'abondance et la dominance des espèces Guinéo-congolaises et la faible représentativité des autres types phytogéographiques montrent que la flore de ce groupe garde toujours sa spécificité.

4.1.3.2. Caractéristiques écologiques et floristiques du Groupe des forêts fétiches à *Bombax buonopozense* et *Chassalia kolly*

Le groupe de forêts fétiches à *Bombax buonopozense* et *Chassalia kolly* est constitué par 14 relevés. Son cortège floristique est composé de 51 espèces réparties en 50 genres et 25 familles. Les familles les plus dominantes sont : Leguminosae (Fr = 17,61 %), Apocynaceae (Fr = 9,80 %), Euphorbiaceae (Fr = 9 %) et Moraceae (Fr = 5,88 %).

Le nombre moyen d'espèces par relevé est de 13,04. L'indice de diversité de Shannon est de 4,17 bits avec une équitabilité de Pielou de 0,83. Ces valeurs élevées des indices de diversité de Shannon et de l'équitabilité de Pielou traduisent que les conditions de la station sont favorables à l'installation d'un grand nombre d'espèce dans les proportions équilibrées. Les espèces sont nombreuses mais peu représentées dans le groupe.

4.1.3.2.1. Spectres des types biologiques et types phytogéographiques

La figure 12 présente les spectres des types biologiques (12a) et des types phytogéographiques (12b).

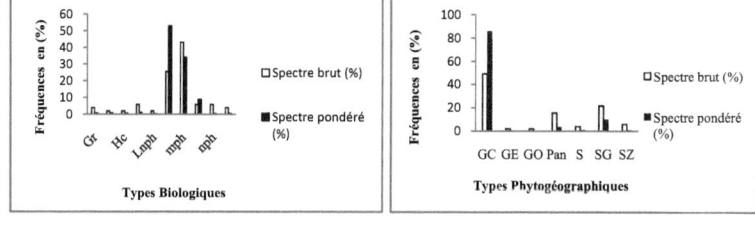

(a)   Types biologiques   (b) Types phytogéographiques

Figure 12 : Spectres des types biologiques et des types phytogéographiques du groupe de forêts fétiches à *Bombax buonopozense* et *Chassalia kolly*

L'analyse de la figure 12a révèle que les microphanérophytes (43 %) constituent les formes de vie les plus abondantes, et les mésophanérophytes (53 %) sont les plus dominantes. Les autres types biologiques sont faiblement représentés.

L'examen des types phytogéographiques (12b) révèle que les espèces Guinéo-congolaises sont les plus abondantes et les plus abondantes avec un spectre brut de 49 % et un spectre pondéré de 86 %.Viennent ensuite les espèces Soudano-guinéennes avec un spectre brut de 22 % et un spectre pondéré de 10 %. L'abondance et la dominance des espèces pantropicales avec un spectre brut de 16 % et un spectre pondéré (3 %), montre que ce groupe est perturbé.

4.1.3.3. Caractéristiques écologiques et floristiques du Groupe de forêts fétiches à *Carpolobia lutea* et *Caloncoba echinata*

Le groupe de forêts fétiches à *Carpolobia lutea* et *Caloncoba echinata* est constitué par 13 relevés. Son cortège floristique est composé de 66 espèces réparties en 63 genres et 38 familles. Les familles les plus dominantes sont: Leguminosae (Fr = 16,66 %), Apocynaceae (Fr = 7,57 %), Euphorbiaceae (Fr = 9 %) et Moraceae (Fr = 4,5 %).

Le nombre moyen d'espèces par relevé est de 16,46. L'indice de diversité de Shannon est de 3,97 bits avec une équitabilité de Pielou de 0,81. Ce qui montre que le groupe est favorable à l'installation d'un grand nombre d'espèces. Ces valeurs obtenues montrent que la diversité dans ce groupe est élevée.

4.1.3.3.1. Spectres des types biologiques et des types phytogéographiques

Les spectres des types biologiques et des types phytogéographiques du groupe à *Carpolobia lutea* et *Caloncoba echinata* sont présentés sur la figure 13. Ces spectres ont permis d'évaluer les spécificités de ce groupe.

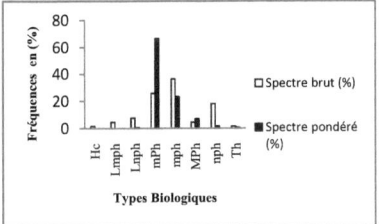 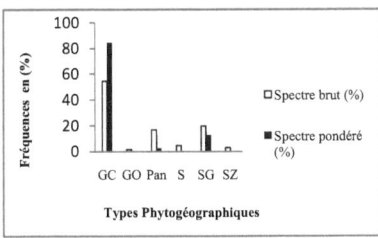

(a) Types Biologiques   (b) Types Phytogéographiques

Figure 13 : Spectres des types biologiques et des types phytogéographiques du groupe à *Carpolobia lutea* et *Caloncoba echinata*

L'analyse des spectres des types biologiques de la figure 13a révèle l'abondance des microphanérophytes et des mésophanérophytes avec des spectres bruts respectifs de 36 % et 26 %. Les mésophanérophytes présentent une dominance très importante avec un recouvrement de 67 % suivi des microphanérophytes (23 %).

L'examen des types phytogéographiques révèle l'abondance et la dominance des espèces Guinéo- congolaises (55 %) et (84 %), suivies des espèces Soudano-guinéennes (20 %) et (13 %) et des espèces pantropicales (17 %) et (2 %). La présence des espèces pantropicales montre la perturbation du groupe par les espèces allochtones.

4.1.3.4. Caractéristiques écologiques et floristiques du Groupe de forêts fétiches à *Clausena anisata* et *Celtis prantlii*

Le cortège floristique du groupe à *Clausena anisata* et *Celtis prantlii* est constitué de 57 espèces réparties en 53 genres et 29 familles sur la base de 13 relevés. Les familles les plus dominantes sont : Leguminosae (Fr = 15 %), Moraceae (Fr = 7,01 %), Rubiaceae (Fr = 7,01 %) et Sterculiaceae (Fr = 7 %).

Le nombre moyen d'espèces par relevé est de 14,46. L'indice de diversité de Shannon est de 4,19 bits avec une équitabilité de Pielou de 0,81. Ce qui montre que le groupe est diversifié et favorable à l'installation d'un grand nombre d'espèces ainsi que l'absence de dominance entre les espèces.

4.1.3.4.1. Spectre des types biologiques et types phytogéographiques

Les spectres des types biologiques et des types phytogéographiques du groupe de forêts fétiches à *Clausena anisata* et *Celtis prantlii* sont présentés sur la figure 14.

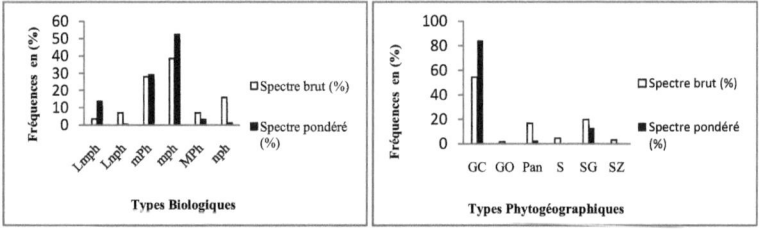

    (a) Types Biologiques   (b) Types Phytogéographiques

Figure 14 : Spectres des types biologiques et des types phytogéographiques du groupe de forêts fétiches à *Clausena anisata* et *Celtis prantlii*

L'examen de la figure 14a montre que les microphanérophytes sont les formes de vie les plus abondantes dans ce groupe avec une contribution de 39 % des effectifs et les plus dominants (52 %), suivi des mésophanérophytes (28 %) comme contribution en spectres bruts et 29 % en spectres pondérés et des lianescentes microphanérophytes (4 %) comme contribution en spectres bruts et 14 % en spectres pondérés.

La figure 14b révèle que les espèces Guinéo-congolaises sont de loin les plus abondantes et les plus dominantes dans ce groupe. Elles contribuent pour 59 % au spectre brut et pour 61 % au spectre pondéré. Viennent ensuite les espèces Soudano-guinéennes qui sont les plus abondants (18 %) et les espèces pantropicales (12 %). En ce qui concerne la dominance, ce sont les espèces pantropicales qui viennent en deuxième position. Cette dominance des espèces pantropicales et ceci avec une forte proportion, montre que ce groupe fait partie des groupes de forêts fétiches les plus perturbés c'est-à-dire les plus anthropisés.

4.1.3.5. Caractéristiques écologiques et floristiques du Groupe de forêts fétiches à *Pierreodendron kerstingii* et *Piper guineense*

Le groupe de forêts fétiches à *Pierreodendron kerstingii* et *Piper guineense* composé de 16 relevés, est composé de 51 espèces réparties en 48 genres et 24 familles. Les familles les plus représentées sont : les Leguminosae (Fr = 17,64 %), les Apocynaceae (Fr = 9,8 %), les Moraceae (Fr = 9,8 %) et les Sterculiaceae (Fr = 7,84 %).

La richesse spécifique est de 51 espèces pour le groupe avec un indice de diversité de Shannon de 4,43 bits avec une équitabilité de Pielou de l'ordre de 0,83 (cv = 0,33 %). Ce qui montre que les conditions écologiques du groupe sont favorables à l'installation d'un grand nombre d'espèce dans des proportions équilibrées.

4.1.3.5.1. Spectres des formes de vie et types phytogéographiques

La figure 15 présente les spectres des types biologiques et des types phytogéographiques.

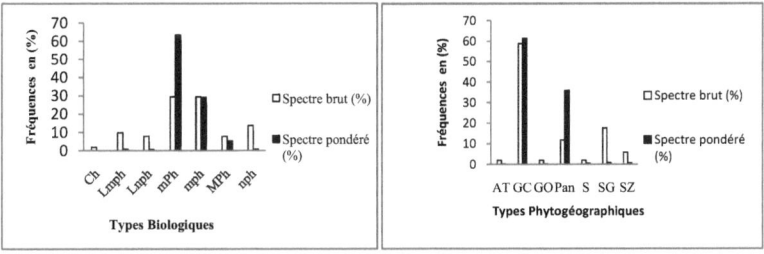

(a) Types Biologiques (b) Types Phytogéographiques

Figure 15 : Spectres des types biologiques et des types phytogéographiques du groupe de forêts fétiches à *Pierreodendron kerstingii* et *Piper guineense*

Les spectres des types biologiques révèlent l'abondance des microphanérophytes (29 %) suivi des mésophanérophytes (29 %). Les mésophanérophytes sont les plus dominants dans ce groupe avec un spectre pondéré de (63 %). Les autres formes de vie sont faiblement représentées.

L'examen de la figure 15b montre une abondance-dominance des espèces Guinéo-congolaises avec une contribution en spectre brut de 59 % et 61 % en spectre pondéré. Les espèces pantropicales sont dominantes avec une contribution de 38 %. Ce qui traduit la perturbation du groupe de forêts fétiches par l'introduction des espèces comme *Mangifera indica*, *Acacia auriculiformis*, *Carica papaya*. Les espèces soudano-guinéennes (18 %) sont aussi abondantes dans ce groupe de forêts fétiches. C'est un groupe de forêts fétiches dégradées.

4.1.3.6. Caractéristiques écologiques et floristiques du Groupe de forêts fétiches à *Zanthoxylum leprieurii* et *Triplochiton scleroxylon*

Le cortège floristique du groupe de forêts fétiches à *Zanthoxylum leprieurii* et *Triplochiton scleroxylon* est réalisé à partir de 8 relevés phytoécologiques constitués de 41 espèces réparties en 38 genres et 22 familles. Les familles les plus dominantes sont Leguminosae (Fr = 14,63 %), Sterculiaceae (Fr = 9,75 %), Annonaceae (Fr = 7,31 %) et Apocynaceae (Fr = 7,31 %).

Le nombre moyen d'espèces par relevé est de 15,25. L'indice de diversité de Shannon est de 4,30 bits avec une équitabilité de Pielou de 0,85. Ce qui montre que ce groupe est isotrope où les espèces tendent vers l'équiprobalité.

4.1.3.6.1. Spectres des types biologiques et des types phytogéographiques

Les spectres des types biologiques et des types phytogéographiques du groupe de forêts fétiches à *Zanthoxylum leprieurii* et *Triplochiton scleroxylon* sont présentés sur la figure 16. Ces spectres ont permis d'évaluer les spécificités au sein de ce groupe.

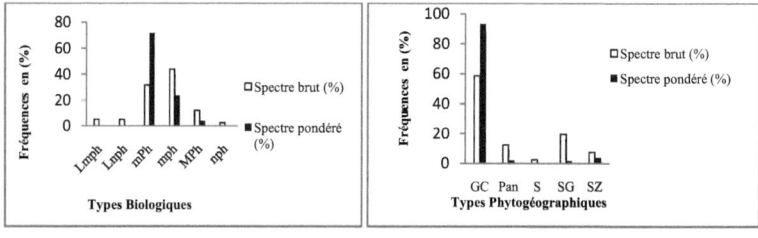

    (a)   Types Biologiques   (b) Types Phytogéographiques

Figure 16 : Spectres des types biologiques et des types phytogéographiques du groupe de forêts fétiches à *Zanthoxylum leprieurii* et *Triplochiton scleroxylon*

Les spectres des types biologiques (figure 16a) révèlent l'abondance des microphanérophytes (44 %) suivi des mésophanérophytes (32 %). Mais, une nette dominance des mésophanérophytes (72 %) a été observée. La proportion des mégaphanérophytes (Sb = 12 %) et (Sp = 4 %).

Du point de vue chronologique (figure 16b), les espèces Guinéo-congolaises dominent le groupe avec une contribution de 93 % au spectre pondéré et 59 % au spectre brut.

4.1.3.7. Caractéristiques écologiques et floristiques du Groupe des forêts fétiches à *Icacina trichantha* et *Dracaena surculosa*

Le cortège floristique du groupe de forêt fétiches à *Icacina trichantha* et *Dracaena surculosa* est réalisé à partir de 20 relevés phytoécologiques constitués de 78 espèces réparties en 75 genres et 38 familles. Les familles les plus dominantes sont Leguminosae (Fr = 12,63 %), Annonaceae (Fr = 3,61 %), Moraceae (Fr = 5,08 %) et Apocynaceae (Fr = 7,31 %). Le nombre moyen d'espèces par relevé est de 16,35. L'indice de diversité de Shannon est de 4,20 bits avec une équitabilité de Pielou de 0,83. Ce qui traduit une diversité relativement forte du peuplement arborescent.

4.1.3.7.1. Spectres des types biologiques et types phytogéographiques

La figure 17 présente les spectres des types biologiques et des types phytogéographiques.

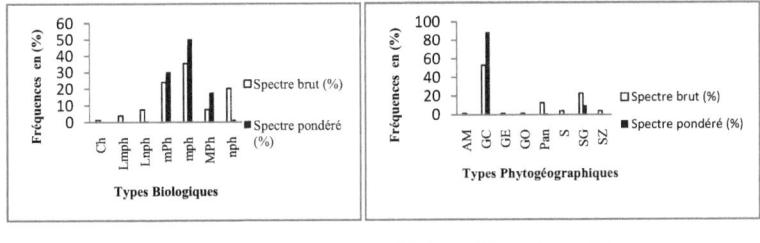

(a)   Types Biologiques   (b) Types Phytogéographiques

Figure 17 : Spectres des types biologiques et des types phytogéographiques du groupe de forêts fétiches à *Icacina trichantha* et *Dracaena surculosa*

L'examen de la figure 17a montre que les microphanérophytes sont de loin les formes de vie les plus abondantes et les plus dominantes dans ce groupe. Elles contribuent jusqu'à 35 % des effectifs et 50 % des recouvrements. Ensuite, viennent les mésophanérophytes avec un spectre brut de 2 % pour l'abondance et 30 % pour la dominance.

La figure 17b révèle que les espèces Guinéo-congolaises sont les plus abondantes et les plus dominantes. Elles contribuent pour 53 % au spectre brut et pour 89 % au spectre pondéré. Viennent ensuite, les espèces Soudano-guinéennes (23 %) des effectifs et 9 % des recouvrements.

4.1.3.8 Caractéristiques écologiques et floristiques du Groupe des forêts fétiches à *Maranthes robusta* et *Mallotus oppositifolius*

Le groupe de forêts fétiches à *Maranthes robusta* et *Mallotus oppositifolius* est constitué par 11 relevés. Son cortège floristique est composé de 62 espèces réparties en 61 genres et 30 familles. Les familles les plus dominantes sont : Leguminosae (Fr = 12,9 %), Sterculiaceae (Fr = 8,06 %), Apocynaceae (Fr = 6,45 %), Euphorbiaceae (Fr = 6,45). Le nombre moyen d'espèces par relevé est de 15,82. L'indice de diversité de Shannon est de 4,18 bits avec une équitabilité de Pielou de 0,85. Ces valeurs élevées des différents indices montrent que le groupe est diversifié.

4.1.3.8.1. Spectres des types biologiques et types phytogéographiques

Les spectres de types biologiques (formes de vie) et de types phytogéographiques du groupe de forêts fétiches à *Maranthes robusta* et *Mallotus oppositifolius* sont présentées par la figure 18.

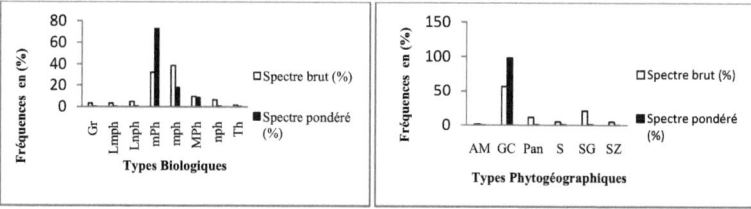

    (a)   Types Biologiques   (b) Types Phytogéographiques

Figure 18 : Spectres des types biologiques et des types phytogéographiques du groupe de forêts fétiches à *Maranthes robusta* et *Mallotus oppositifolius*

L'examen de la figure 18a révèle que les microphanérophytes sont les plus abondantes suivi des mésophanérophytes (32 %) et des mégaphanérophytes (10 %). En ce qui concerne la dominance ce sont les mésophanérophytes (73 %) qui sont les plus dominantes.

Pour les types phytogéographiques, la figure 18b montre l'abondance (56 %) et la dominance (98 %) des espèces Guinéo-congolaises. Viennent ensuite les espèces Soudano-guinéennes avec une abondance de (21 %) et une dominance de (1 %).

Le tableau VI présente la corrélation entre les paramètres écologiques.

Tableau VI : Corrélation de Pearson et de Probabilité de signification entre les paramètres écologiques

	R	fa	Ge	H'	H'max
fa	0,219[*]				
	0,019				
Ge	0,131	0,922[**]			
	0,166	*0,000*			
H'	-0,318[**]	-0,468[**]	-0,194[*]		
	0,001	*0,000*	*0,038*		
H'max	-0,340[**]	-0,204[*]	0,007	0,874[**]	
	0,000	*0,030*	*0,942*	*0,000*	
E	0,079	-0,482[**]	- 0,383[**]	0,148	-0,352[**]
	0,401	*0,000*	*0,000*	*0,117*	*0,000*

**. Correlation is significant at the 0.01 level (2-tailed).
*. Correlation is significant at the 0.05 level (2-tailed).

R = Richesse spécifique; fa = Famille; Ge = Genre; H'= Indice de diversité de Shannon; H'max = Indice de diversité de Shannon maximal; E = Equitabilité de Pielou.

De l'observation du tableau VI, il ressort que les corrélations positives très hautement significatives (*Prob* = *0,001*) ont été observées entre l'indice de diversité de Shannon et la richesse spécifique. En d'autres termes, plus la diversité spécifique au sein de la forêt est élevée, plus élevée est la diversité spécifique au sein des groupes de forêts fétiches.

4.2. Typologie des groupes de forêts de sociétés secrètes

A partir des 14 relevés et 78 espèces le dendrogramme a permis d'identifier (2) groupes de forêts de sociétés secrètes au seuil de 90 % (figure 19).

A l'issue de cette analyse, les (2) groupes de forêts obtenus sont :

- Groupe (G1) : forêts de sociétés secrètes à *Acacia erythrocalyx* et *Milicia excelsa*;
- Groupe (G2) : forêts de sociétés secrètes à *Caloncoba echinata* et *Bombax buonopozense*.

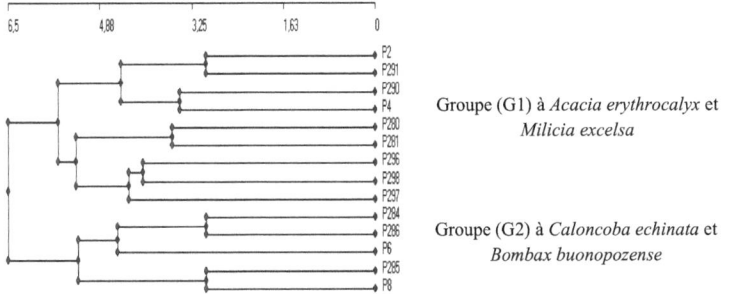

Groupe (G1) à *Acacia erythrocalyx* et *Milicia excelsa*

Groupe (G2) à *Caloncoba echinata* et *Bombax buonopozense*

Figure 19 : Dendrogramme des groupes de forêts de société secrètes

4.2.1. Structure verticale des forêts de société secrètes

Les forêts de société secrètes sont représentatives d'une forêt dense semi- décidue sèche. Dans cette forêt dense semi – décidue sèche, le tapis graminé est discontinu, la plupart des arbres perdent leurs feuilles pendant la mauvaise saison. La strate arborescente est composée des espèces telles que : *Antiaris toxicaria, Ceiba pentandra, Milicia excelsa, Tetrapleura tetraptera, Cola gigantea* et *Dialium guineense*. La strate arbustive est dominée par : *Cola millenii, Lecaniodiscus cupanioides, Milletia thonningii, Monodora tenuifolia, Alchornea cordifolia, Newbouldia laevis* et *Voacanga africana*. La strate sous – bois comprend : *Acalypha ciliata, Ageratum conyzoides, Ocimum gratissimum, Hoslundia opposita* et *Hibiscus surattensis* (figure 20).

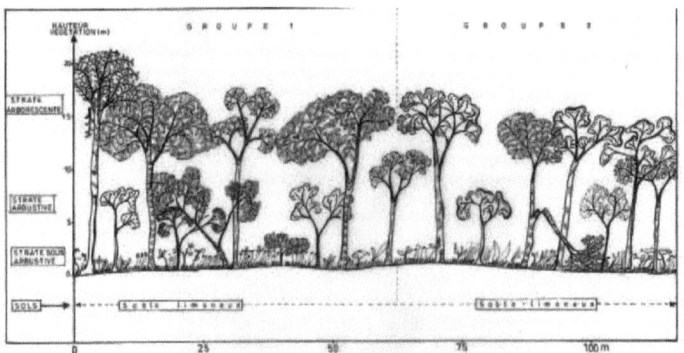

Figure 20 : Profil structural des forêts de société secrètes de la basse vallée de l'Ouémé

Légende : Groupe (G1) : forêts de sociétés secrètes à *Acacia erythrocalyx* et *Milicia excelsa*; Groupe (G2) : forêts de sociétés secrètes à *Caloncoba echinata* et *Bombax buonopozense*.

4.2.2. Description des groupes obtenus dans les forêts de société secrètes

La description des groupes obtenus est faite à partir des caractéristiques écologiques et floristiques.

4.2.2.1. Caractéristiques écologiques et floristiques du Groupe des forêts de société secrètes à *Acacia erythrocalyx* et *Milicia excelsa*

Le cortège floristique du groupe à *Acacia erythrocalyx* et *Milicia excelsa* est constitué de 61 espèces réparties en 57 genres et 31 familles sur la base de 9 relevés. Les familles les plus dominantes sont : Leguminosae (Fr = 21,31 %), Moraceae (Fr = 8,19 %), Poaceae (Fr = 6,55 %), Euphorbiaceae (Fr = 6,55 %) et Apocynaceae (Fr = 4,91 %). Le nombre moyen d'espèces par relevé est de 13. L'indice de diversité de Shannon est de 3,86 bits avec une équitabilité de Pielou de 0,81. Ce qui traduit une absence de dominance dans ce groupe de forêts. Les espèces tendent vers l'équiprobalité, cas des stations isotropes.

4.2.2.1.1. Spectres des types biologiques et types phytogéographiques

La figure 21 présente les spectres des types biologiques (21a) et des types phytogéographiques (21b).

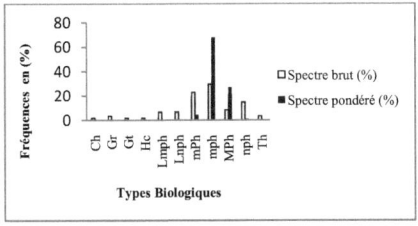 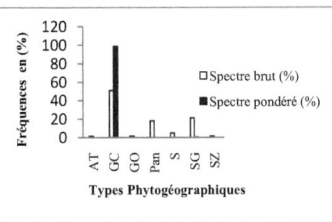

(a)   Types Biologiques   (b) Types Phytogéographiques

Figure 21 : Spectres des types biologiques et des types phytogéographiques du groupe de forêts de société secrètes à *Acacia erythrocalyx* et *Milicia excelsa*

Les spectres brut et pondéré des types biologiques de ce groupe montrent une prédominance des microphanérophytes (30 % du total des espèces pour un recouvrement moyen de 68 %). Quant aux mésophanérophytes, ils représentent 23 % du total des espèces pour un recouvrement moyen de 4 %. Les nanophanérophytes (Sb = 15 %, Sp = 1 %) sont les moins représentés dans ce groupe.

La figure 21b révèle que les espèces Guinéo-congolaises sont les plus abondantes et les plus dominantes. Elles contribuent pour 51 % au spectre brut pour un recouvrement de 99 %. Viennent ensuite, les espèces Soudano-guinéennes (21 %) pour un recouvrement de 1 %. La présence des espèces pantropicales montre que le groupe est perturbé.

4.2.2.2. Caractéristiques écologiques et floristiques du Groupe des forêts de société secrètes à *Caloncoba echinata* et *Bombax buonopozense*

Le cortège floristique du groupe de forêts de société secrètes à *Caloncoba echinata* et *Bombax buonopozense* est composé de 34 espèces réparties en 31 genres et 18 familles. Les familles les plus représentées sont : Leguminosae (Fr = 20,58), Bombacaceae (Fr = 8,82), Euphorbiaceae (Fr = 8,82), Moraceae (Fr = 8,82), Sterculiaceae (Fr = 8,82). Le nombre moyen d'espèces par relevé est de 12 ± 2, 73. L'indice de diversité de Shannon est de 3,15 bits avec une équitabilité de 0,73, traduit une équitabilité moyenne de ce groupe de forêt et également une diversité moyenne. C'est le groupe des forêts de société secrètes dégradées par endroit.

4.2.2.2.1. Spectres des types biologiques et des types phytogéographiques

Les spectres des types biologiques et des types phytogéographiques du groupe de forêts de société secrètes à *Caloncoba echinata* et *Bombax buonopozense* sont présentés sur la figure 22.

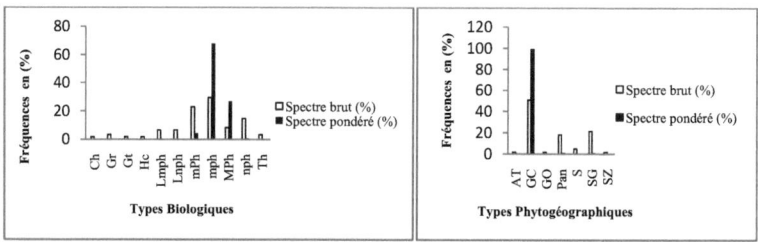

(a)   Types Biologiques   (b) Types Phytogéographiques

Figure 22 : Spectres des types biologiques et des types phytogéographiques du groupe de forêts de société secrètes à *Caloncoba echinata* et *Bombax buonopozense*

Les spectres bruts et pondérés des types biologiques de ce groupe montrent une prédominance des microphanérophytes (35 % du total des espèces pour un recouvrement moyen de 83 %). Quant aux mésophanérophytes, ils représentent 32 % du total des espèces pour un recouvrement moyen de 8 %. Les nanophanérophytes (Sb = 15 %, Sp = 0,003 %) et mégaphanérophytes (Sb = 9 %, Sp = 9 %) sont les moins représentés dans ce groupe.

Du point de vue chronologique (figure 22b), les espèces Guinéo-congolaises sont les plus abondantes (50 %) et les plus dominantes (99 %), ensuite les espèces pantropicales (Sb = 26 %, Sp = 0,002 %) et espèces Soudano-guinéennes (15 %) pour un recouvrement de 0,002 %. La présence des espèces pantropicales dans ce groupe de forêts avec une forte proportion vient confirmer l'état dégradé de ce groupe de forêts.

Le tableau VII présente la corrélation de Pearson et Probabilité de signification entre les paramètres écologiques.

Tableau VII : Corrélation de Pearson et Probabilité de signification entre les paramètres écologiques

	R	fa	Ge	H'	H'max
fa	0,295				
	0,306				
Ge	0,295	1.000**			
	0,306	*0,000*			
H'	0,295	1.000**	1.000**		
	0,306	*0,000*	*0,000*		
H'max	0,295	1.000**	1.000**	1.000**	
	0,306	*0,000*	*0,000*	*0,000*	
E	0,295	1.000**	1.000**	1.000**	1.000**
	0,306	*0,000*	*0,000*	*0,000*	*0,000*

**. Correlation is significant at the 0.01 level (2-tailed).
*. Correlation is significant at the 0.05 level (2-tailed)

R = Richesse spécifique; fa = Famille; Ge = Genre; H'= Indice de diversité de Shannon; H'max = Indice de diversité de Shannon maximal; E = Equitabilité de Pielou.

En outre, les corrélations positives très hautement significatives (*Prob = 0,001*) ont été notées entre l'équitabilité de Pielou, le genre, la famille, et l'indice de diversité de Shannon.

4.3. Typologie des groupes de forêts communautaires

A partir 61 relevés et 154 espèces, le dendrogramme a permis d'identifier (5) groupes de forêts communautaires au seuil de 75 % (figure 23).

A l'issue de cette analyse, les (5) groupes de forêts communautaires obtenus sont :

- Groupe (G1) : forêts communautaires à *Celtis zenkeri* et *Trichilia prieureana* ;

- Groupe (G2) : forêts communautaires à *Tabernaemontana pachysiphon* et *Calycobolus* africanus ;

- Groupe (G3) : forêts communautaires à *Baissea zygodioides* et *Caloncoba echinata* ;

- Groupe (G4) : forêts communautaires à *Triplochiton scleroxylon* et *Zanthoxylum leprieurii* ;

- Groupe (G5) : forêts communautaires à *Nesogordonia kabingaensis* et *Nauclea diderrichii*.

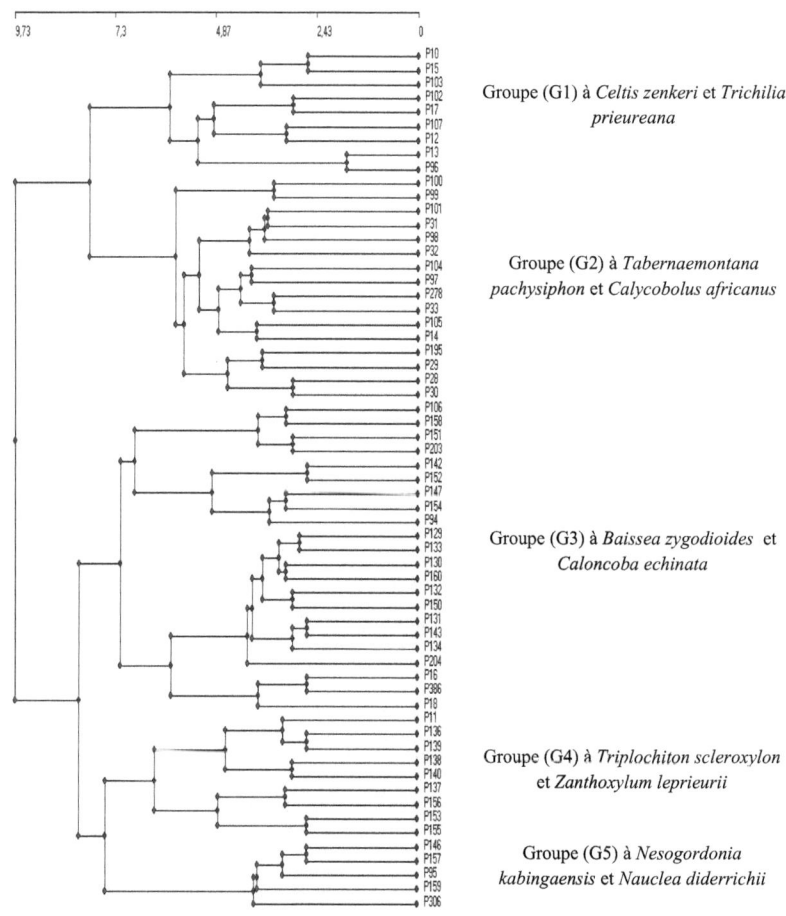

Figure 23 : Dendrogramme des relevés réalisés dans les forêts communautaires

4.3.1. Degré de similitude des groupes de forêts communautaires

Le tableau VIII présente le degré de similitude des groupes de forêts communautaires à travers l'indice de Jaccard (1901).

Tableau VIII : Indice de similitude de Jaccard des groupes de forêts communautaires

	G1	G2	G3	G4	G5
G1					
G2	0,18				
G3	0,24	0,37			
G4	0,25	0,12	0,16		
G5	0,16	0,18	0,16	0,21	1

Source : Enquête de terrain et traitement, 2012

De l'observation du tableau VIII, il ressort que, les groupes de forêts communautaires sont dissemblables au seuil de 50 %. Toutes les valeurs obtenues sont inférieures à 0,50.

4.3.2. Structure verticale des forêts communautaires

Les forêts communautaires de la basse vallée de l'Ouémé sont représentatives d'une forêt dense semi – décidue humide sous pression anthropique (figure 24). Cette formation est dominée par les herbacées et les éléments de les petits arbres. La plupart des espèces gardent leurs feuilles pendant la saison pluvieuse compte tenu de l'humidité permanente du sol à cause de leur position géographique. La strate arborescente est composée des espèces telles que *Macrosphyra longistyla, Trichilia monadelpha, Cola gigantea, Dialium guineense, Terminalia glaucescens, Tectona grandis, Irvingia gabonensis, Khaya senegalensis, Cocos nucifera et Spondias mombin*. La strate arbustive est dominée par *Napoleonaea vogelii, Caloncoba echinata, Dracaena arborea, Holarrhena floribunda, Dissotis fruticosa, Albizia glaberrima et Blighia sapida.*. La strate sous- bois est composée de *Glyphaea brevis, Thalia geniculata, Callichilia barteri, Baissea zygodioides, Secamone afzelii, Ipomoea aquatica, Raphiostylis beninensis, Schrankia leptocarpa*.

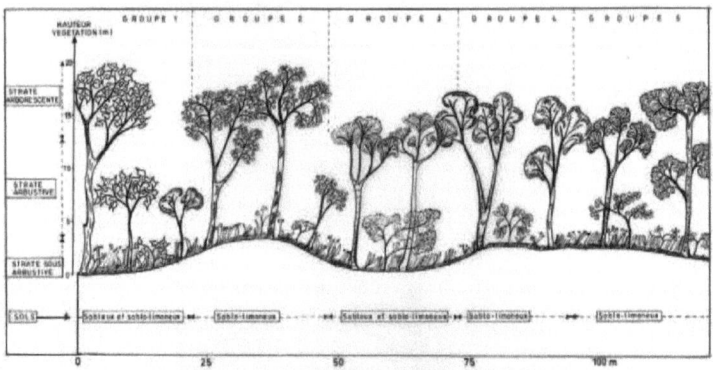

Figure 24 : Profil structural des forêts communautaires de la basse vallée de l'Ouémé

Légende : Groupe (G1) : forêts communautaires à *Celtis zenkeri* et *Trichilia prieureana*; Groupe (G2) : forêts communautaires à *Tabernaemontana pachysiphon* et *Calycobolus africanus*; Groupe (G3) : forêts communautaires à *Baissea zygodioides* et *Caloncoba echinata*; Groupe (G4) : forêts communautaires à *Triplochiton scleroxylon* et *Zanthoxylum leprieurii* ; Groupe (G5) : forêts communautaires à *Nesogordonia kabingaensis* et *Nauclea diderrichii*.

4.3.3. Description des groupes obtenus dans les forêts communautaires

La description des groupes obtenus dans les forêts communautaires est faite à partir des caractéristiques écologiques et floristiques.

4.3.3.1. Caractéristiques écologiques et floristiques du Groupe de forêts communautaires à *Celtis zenkeri* et *Trichilia prieureana*

Le cortège floristique du groupe de forêts communautaires à *Celtis zenkeri* et *Trichilia prieureana* est constitué de 42 espèces réparties en 40 genres et 28 familles. Les familles les plus dominantes sont : Leguminosae (Fr = 14,28 %), Moraceae (Fr = 7,14 %), Sterculiaceae (Fr = 7,14 %) et Anacardiaceae (Fr = 4,76 %).

Le nombre moyen d'espèces par relevé est de 12,33. L'indice de diversité de Shannon est de 3,52 bits avec une équitabilité de Pielou de 0,79 montrent que la diversité est moyenne dans ce groupe de forêts. Les espèces du groupe sont nombreuses mais moins diversifiées.

4.3.3.1.1. Spectres des types biologiques et types phytogéographiques

Les spectres des types biologiques et des types phytogéographiques du groupe de forêts communautaires à *Celtis zenkeri* et *Trichilia prieureana* sont présentés par la figure 25.

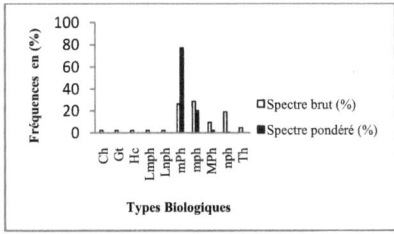 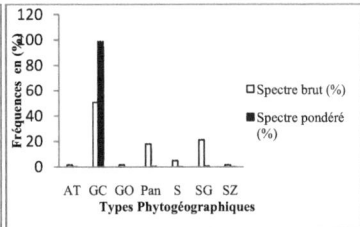

(a)   Types Biologiques   (b) Types Phytogéographiques

Figure 25 : Spectres des types biologiques et des types phytogéographiques du groupe de forêts communautaires à *Celtis zenkeri* et *Trichilia prieureana*

Les spectres des types biologiques (25a) révèlent l'abondance des microphanérophytes (29 %) suivi des mésophanérophytes (26 %) puis des nanophanérophytes (18 %). Mais, les mésophanérophytes (77 %) sont les plus dominants.

Du point de vue chronologique (figure 25b), les espèces Guinéo-congolaises sont les plus abondantes (51 %) et les plus dominantes (99 %). Les espèces pantropicales et les Soudano-guinéennes sont également abondante avec des spectres bruts respectifs de 18 % et 25 %. C'est le groupe des forêts communautaires dégradées.

4.3.3.2. Caractéristiques écologiques et floristiques du Groupe de forêts communautaires à *Tabernaemontana pachysiphon* et *Calycobolus africanus*

Le cortège floristique du groupe de forêts communautaires à *Tabernaemontana pachysiphon* et *Calycobolus africanus* est composé de 85 espèces réparties en 79 genres et 45 familles. Les familles les plus représentées sont : Leguminosae (Fr = 12,94), Apocynaceae (Fr = 7,05 %), Celtidaceae (Fr = 4,7 %), Euphorbiaceae (Fr = 4,7 %). Le nombre moyen d'espèces par relevé est de 13,31. L'indice de diversité de Shannon est de 3,91 bits avec une équitabilité de Pielou de 0,80 montrent que les conditions du groupe sont favorables à l'installation d'un grand nombre d'individus ainsi qu'une absence de dominance entre les individus du groupe.

4.3.3.2.1. Spectres des types biologiques et types phytogéographiques

La figure 26 présente les spectres des types biologiques (26a) et des types phytogéographiques (26b).

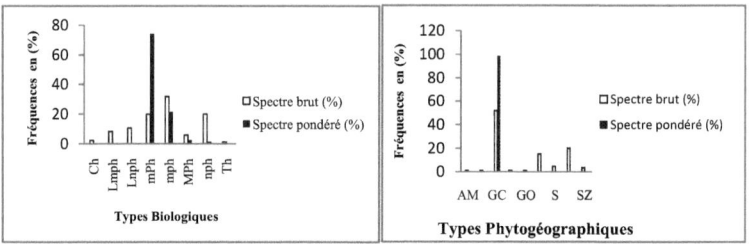

(a)   Types biologiques   (b) Types phytogéographiques

Figure 26 : Spectres des types biologiques et des types phytogéographiques du groupe de forêts communautaires à *Tabernaemontana pachysiphon* et *Calycobolus africanus*

L'analyse de la figure 26a révèle que les microphanérophytes (32 %) constituent les formes de vie les plus abondantes, suivi des mésophanérophytes (20 %) et des nanophanérophytes (20 %). Les mésophanérophytes (74 %) sont les plus dominantes.

L'examen des types phytogéographiques (figure 26b) révèle que les espèces Guinéo-congolaises sont les plus abondantes et les plus abondantes avec un spectre brut de 52 % et un spectre pondéré de 99 %.Viennent ensuite les espèces Soudano-guinéennes avec un spectre brut de 20 %. L'abondance et la dominance des espèces pantropicales avec un spectre brut de 15 % et un spectre pondéré (1 %), témoignent de la présence des espèces allochtones dans ce groupe, preuve de la dégradation des forêts communautaires.

4.3.3.3. Caractéristiques écologiques et floristiques du Groupe de forêts communautaires à *Baissea zygodioides* et *Caloncoba echinata*

Le groupe de forêts communautaires à *Baissea zygodioides* et *Caloncoba echinata* est constitué de 22 relevés. Son cortège floristique est composé de 80 espèces, réparties en 78 genres et 42 familles. Les familles les plus représentées sont : Leguminosae (Fr = 10 %), Apocynaceae (Fr =7,5 %), Anacardiaceae (Fr = 5 %), Arecaceae (Fr = 3,75 %).

Le nombre moyen d'espèces par relevé est de 8,82. L'indice de diversité de Shannon est de 4,30 bits avec une équitabilité de Pielou de 0,85, traduisent que la diversité est élevée au sein de ce groupe de forêts.

4.3.3.3.1. Spectres des types biologiques et des types phytogéographiques

Les spectres des types biologiques et des types phytogéographiques du groupe de forêts communautaires à *Baissea zygodioides* et *Caloncoba echinata* sont présentés sur la figure 27.

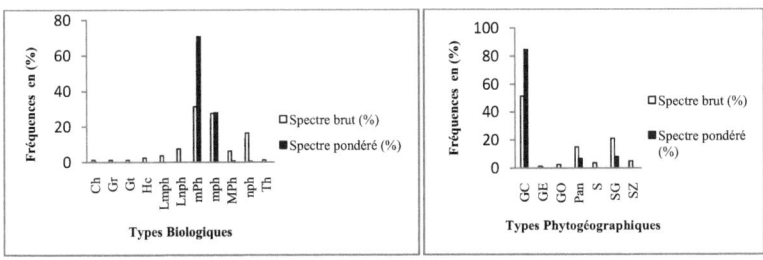

(a)   Types Biologiques   (b) Types Phytogéographiques

Figure 27 : Spectres des types biologiques et des types phytogéographiques du groupe de forêts communautaires à *Baissea zygodioides* et *Caloncoba echinata*

Les spectres des types biologiques (27a) révèlent l'abondance (31 %) et la nette dominance des mésophanérophytes (71 %) suivi des microphanérophytes (28 %).

La figure 27b révèle que les espèces Guinéo-congolaises sont les plus abondantes et les plus dominantes. Elles contribuent pour 51 % au spectre brut et pour 85 % au spectre pondéré. Viennent ensuite, les espèces Soudano-guinéennes (21 %) des effectifs et 8 % des recouvrements. Les espèces pantropicales (15 %) en spectre brut et (7 %) en spectre pondéré montre que le groupe est perturbé.

4.3.3.4. Caractéristiques écologiques et floristiques du Groupe de forêts communautaires à *Triplochiton scleroxylon* et *Zanthoxylum leprieurii*

Le cortège floristique du groupe de forêts communautaires à *Triplochiton scleroxylon* et *Zanthoxylum leprieurii* est composé de 41 espèces, réparties en 38 genres et 21 familles. Les familles les plus représentées sont : Leguminosae (Fr = 21,95 %), Moraceae (Fr = 9,75 %), Sterculiaceae (Fr = 7,31 %), Anacardiaceae (4,87 %). Le nombre moyen d'espèces par relevé est de 10. L'indice de diversité de Shannon est de 3,56 bits avec une équitabilité de Pielou de 0,79 montrent que ce groupe de forêts est peu diversifié.

4.3.3.4.1. Spectres des types biologiques et types phytogéographiques

La figure 28 présente les spectres des types biologiques (28a) et des types phytogéographiques (28b).

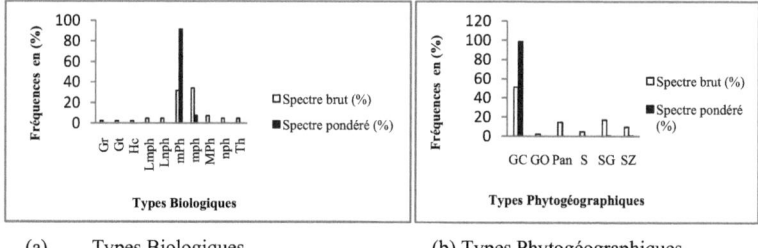

(a)   Types Biologiques   (b) Types Phytogéographiques

Figure 28 : Spectres des types biologiques et des types phytogéographiques du groupe de forêts communautaires à *Triplochiton scleroxylon* et *Zanthoxylum leprieurii*

Les spectres bruts et pondérés des types biologiques de ce groupe montrent une abondance des microphanérophytes (34 %) et une dominance des mésophanérophytes (91 %). Quant aux mégaphanérophytes, ils représentent (7 %) du spectre brut et (0,003 %) en spectre pondéré. Les nanophanérophytes (Sb − 5 %, Sp = 0,002 %) sont les moins représentés dans ce groupe.

La distribution des types phytogéographiques de ce groupe montre une abondance (51 %) et une dominance (99 %) des espèces Guinéo-congolaises. Quant aux espèces Soudano-guinéennes (Sb = 17 % et Sp = 0,001 %) et pantropicales (Sb = 15 % et Sp = 0,003 %), elles sont faiblement représentées mais leur présence traduit l'anthropisation de ce groupe de forêts.

4.3.3.5 Caractéristiques écologiques et floristiques du Groupe de forêts communautaires à *Nesogordonia kabingaensis* et *Nauclea diderrichii*

Le groupe de forêts communautaires à *Nesogordonia kabingaensis* et *Nauclea diderrichii* est constitué de 28 espèces réparties en 26 genres et 14 familles. Les familles les plus dominantes sont : Leguminosae (Fr = 25 %), Apocynaceae (Fr = 10,71 %), Moraceae (Fr = 10,71 %) et Sterculiaceae (Fr = 10,71 %).

Le nombre moyen d'espèces par relevé est de 10,60. L'indice de diversité de Shannon est de 3,62 bits avec une équitabilité de Pielou de 0,83 montrent que le groupe est faiblement diversifié avec une absence dominance entre les espèces.

4.3.3.5.1. Spectres des types biologiques et des types phytogéographiques

Les spectres des types biologiques et des types phytogéographiques du groupe de forêts communautaires à *Nesogordonia kabingaensis* et *Nauclea diderrichii* sont présentés sur la figure 29.

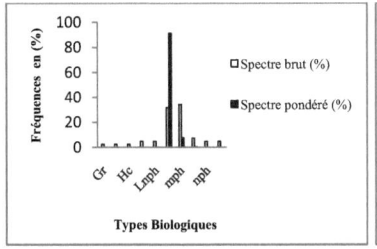 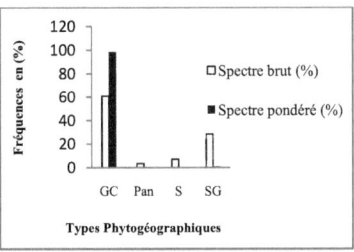

(a)   Types Biologiques   (b) Types Phytogéographiques

Figure 29 : Spectres des types biologiques et des types phytogéographiques du groupe de forêts communautaires à *Nesogordonia kabingaensis* et *Nauclea diderrichii*

Les spectres bruts et pondérés des types biologiques de ce groupe montrent une prédominance des mésophanérophytes (29 % du total des espèces pour un recouvrement moyen de 92 %). Quant aux microphanérophytes, ils représentent 46 % du total des espèces pour un recouvrement moyen de 7 %. Les nanophanérophytes (Sb = 11 %, Sp = 0,001 %) et les mégaphanérophytes (Sb = 7 %, Sp = 0,002 %) sont les moins représentés dans ce groupe.

La distribution des types phytogéographiques de ce groupe montre qu'en termes d'abondance et dominance que, les espèces Guinéo-congolaises emportent sur les autres, 61 % du total des espèces pour un recouvrement moyen de 98 %. Les espèces Soudano-guinéennes viennent en deuxième position avec une contribution (Sb = 29 % et Sp = 1 %).

Tableau IX : Corrélation de Pearson et Probabilité de signification entre les paramètres écologiques

	R	fa	Ge	H'	H'max
fa	0,052				
	0,692				
Ge	-0,033	0,978**			
	0,803	***0,000***			
H'	-0,327*	0,746**	0,838**		
	0,010	***0,000***	***0,000***		
H'max	-0,264*	0,843**	0,917**	0,981**	
	0,040	***0,000***	***0,000***	***0,000***	
E	-0,434**	0,213	0,339**	0,772**	0,635**
	0,000	*0,100*	*0,008*	***0,000***	***0,000***

**. Correlation is significant at the 0.01 level (2-tailed).
*. Correlation is significant at the 0.05 level (2-tailed).

R = Richesse spécifique; fa = Famille; Ge = Genre; H'= Indice de diversité de Shannon; H'max = Indice de diversité de Shannon maximal; E = Equitabilité de Pielou.

De l'observation du tableau IX, il existe une forte corrélation positive très hautement significative entre l'équitabilité de Pielou, le genre et la famille.

En définitive, la diversité spécifique varie d'une forêt à une autre. La flore locale est en train donc de perdre sa spécificité à cause des activités anthropiques.

CHAPITRE V : ÉTUDE DES PARAMÈTRES DENDROMÉTRIQUES

Les paramètres dendrométriques ont été analysés par groupe de forêts. Les groupes ont été décrits suivant leurs caractéristiques dendrométriques.

5.1. Caractéristiques dendrométriques des Groupes de forêts fétiches

L'analyse des caractéristiques dendrométriques a été faite à travers les groupes de forêts fétiches.

5.1.1. Caractéristiques dendrométriques du Groupe de forêts fétiches à *Sorindeia grandifolia* et *Strophanthus hispidus*

La structure en diamètre des arbres du groupe de forêts fétiches à *Sorindeia grandifolia* et *Strophanthus hispidus* présente une allure "J renversé", avec un paramètre de forme *c* de la distribution de Weibull de l'ordre de 1 (figure 30). Ceci est caractéristique des peuplements multi spécifiques.

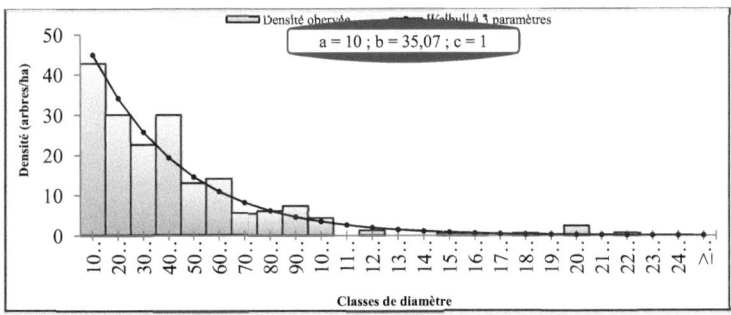

Figure 30 : Structure en diamètre des individus du groupe de forêts fétiches à *Sorindeia grandifolia* et *Strophanthus hispidus*

L'examen de la figure 30 montre que les individus de diamètres compris entre 10 cm et 20 cm sont les plus représentés avec une fréquence de 73,16 % tandis que ceux de diamètres supérieurs à 100 cm sont quasi-absents du groupe avec une fréquence théorique de 0,65 %. Par ailleurs, les individus dont les diamètres sont compris entre 20 cm et 100 cm y sont présents mais à de faibles densités avec une fréquence de 26,19 %. La figure 30, montre également la présence d'un nombre non négligeable des individus de diamètre compris entre 200 cm et 210 cm. Ce sont les individus de *Triplochiton scleroxylon*, *Dialium guineense*, *Chrysophyllum albidum*, *Cola gigantea* qui représentent les semenciers du groupe.

Les résultats de l'analyse log-linéaire (Annexe II) liée à la différence entre les deux distributions ne sont pas significatifs (*Prob* = 0,9) et indiquent globalement une concordance entre la structure observée et celle déduite de la distribution de Weibull.

La structure diamétrique du groupe est confirmée par la densité moyenne des individus de dbh ≥ 10 cm qui est égale à 182,458 ± 85,68 individus/ha, la surface terrière moyenne est de 46,66 ± 50,16 m²/ha et le diamètre moyen dg = 55,78 cm indique la forte représentation des ligneux dans ce groupe. La hauteur totale du peuplement ligneux est évaluée en moyenne à 15,54 m.

5.1.2. Caractéristiques dendrométriques du Groupe de forêts fétiches à *Bombax buonopozense* et *Chassalia kolly*

La structure en diamètre des arbres du groupe de forêts fétiches à *Bombax buonopozense* et *Chassalia kolly* présente une allure "J renversé", avec un paramètre de forme *c* de la distribution de Weibull de l'ordre de 0,90 caractéristique des peuplements d'âges multiples (figure 31).

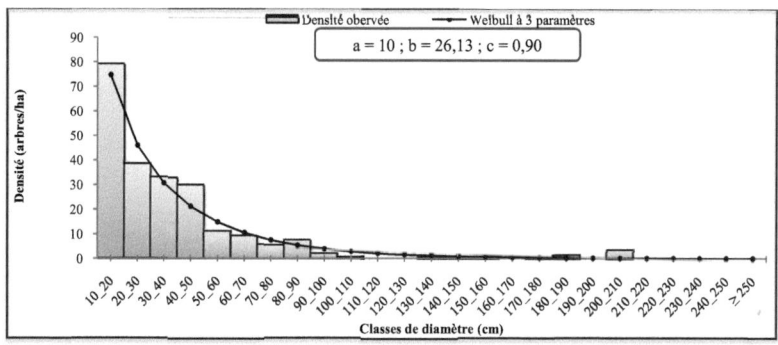

Figure 31 : Structure en diamètre des individus du groupe de forêts fétiches à *Bombax buonopozense* et *Chassalia kolly*

De l'analyse de la figure 31, il ressort que les individus de diamètres compris entre 10 cm et 20 cm, 20 cm et 100 cm sont les plus représentés avec des fréquences respectives de 74,75 % et 24,65 % tandis que ceux supérieurs à 100 cm sont très faiblement représentés avec une fréquence de 0,60 %.

Les résultats de l'analyse log-linéaire (Annexe II), liée à la différence entre les deux distributions ne sont pas significatifs (*Prob.* = 0,44) et indiquent globalement une concordance entre la structure observée et celle déduite de la distribution de Weibull.

La forme de la structure diamétrique du groupe de forêt est confirmée par les valeurs de la densité moyenne des individus de dbh ≥ 10 cm qui est égale à 225,373 ± 73,90 individus/ha, la surface terrière moyenne est de 44,63 ± 46,82 m²/ha et le diamètre moyen des arbres est *dg* = 50,54 cm. La hauteur totale du peuplement ligneux est évaluée en moyenne à 15,74 m.

5.1.3. Caractéristiques dendrométriques du Groupe de forêts fétiches à *Carpolobia lutea* et *Caloncoba echinata*

La structure en diamètre des arbres du groupe de forêts fétiches à *Carpolobia lutea* et *Caloncoba echinata* est représentée sur la figure 32.

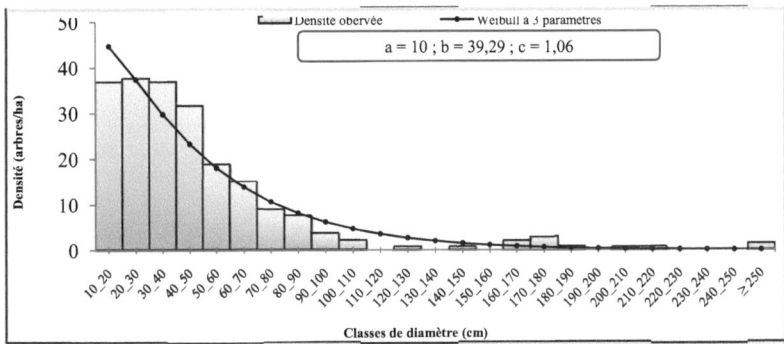

Figure 32 : Structure en diamètre des individus du groupe à *Carpolobia lutea* et *Caloncoba echinata*

L'analyse de la figure 32 montre que la structure en diamètre des arbres du groupe de forêts à *Carpolobia lutea* et *Caloncoba echinata* présente une allure en "J renversé" avec un paramètre de forme *c* de la distribution de Weibull de l'ordre de 1,06 caractéristique des peuplements d'âges multiples. Les individus de diamètres compris entre 10 cm et 20 cm, 20 cm et 100 cm sont les plus représentés avec des fréquences respectives de 74,17 % et 25,36 % tandis que ceux de diamètres supérieurs à 100 cm sont très faiblement représentés avec une fréquence de 0,27 % dans le groupe avec la présence de quelques individus d'espèces de classes de diamètres compris entre 160 cm – 170 cm et 170 cm-180 cm. Les valeurs de la densité moyenne des individus de dbh ≥ 10 cm est égale à 210,95 individus/ha, la surface terrière moyenne est de 71,14 m²/ha et le diamètre moyen *dg* = 71,14 cm confirment la proportion des individus de gros diamètres dans ce groupe. La hauteur totale du peuplement ligneux est évaluée en moyenne à 16,36 m.

5.1.4. Caractéristiques dendrométriques du Groupe de forêts fétiches à *Clausena anisata* et *Celtis prantlii*

La structure en diamètre des arbres du groupe de forêts fétiche à *Clausena anisata* et *Celtis prantlii* présente une allure "J renversé", avec un paramètre de forme *c* de la distribution de Weibull de l'ordre de 0,96 caractéristique des peuplements multispécifiques (figure 33).

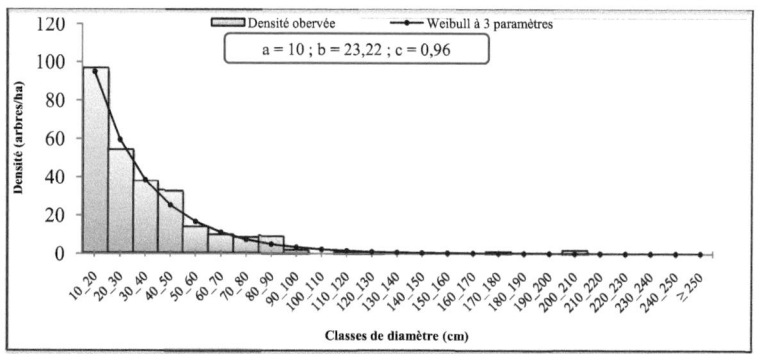

Figure 33 : Structure en diamètre des individus du groupe de forêts fétiches à *Clausena anisata* et *Celtis prantlii*

L'examen de la figure 33 montre que les individus de diamètres compris entre 10 cm et 20 cm sont les plus représentés avec une fréquence de 74 %, tandis que ceux de diamètres supérieurs à 100 cm sont faiblement représentés avec une fréquence de 0,80 %. Par ailleurs, les individus dont les diamètres sont compris entre 20 cm et 100 cm y sont présents avec une fréquence de 25,20 % mais avec de faibles densités.

Les résultats de l'analyse log-linéaire (Annexe II), liée à la différence entre les deux distributions, ne sont pas significatifs (*Prob.*= 0,22) et indiquent globalement une concordance entre la structure observée et celle déduite de la distribution de Weibull.

La structure diamétrique du groupe est confirmée par la densité moyenne des individus de dbh ≥ 10 cm qui est égale à 267,85 individus/ha, la surface terrière moyenne est de 37,58 m^2/ha, le diamètre moyen dg = 40,68 cm. La hauteur totale du peuplement est évaluée en moyenne à 14,52 m.

5.1.5. Caractéristiques dendrométriques du Groupe de forêts fétiches à *Pierreodendron kerstingii* et *Piper guineense*

La structure en diamètre des arbres du groupe de forêts fétiches à *Pierreodendron kerstingii* et *Piper guineense* est présentée sur la figure 34.

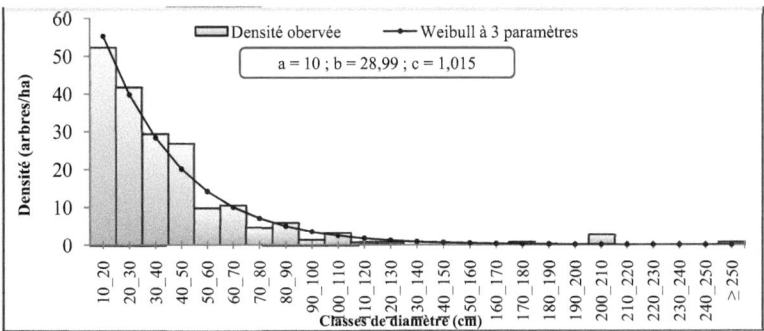

Figure 34 : Structure en diamètre des individus du groupe à *Pierreodendron kerstingii* et *Piper guineense*

L'examen de la figure 34 montre que la structure en diamètre des arbres du groupe de forêts fétiches à *Pierreodendron kerstingii* et *Piper guineense* présente une allure en "J" renversé avec un paramètre de forme *c* de la distribution de Weibull de l'ordre de 1,015 caractéristique des peuplements multispécifiques avec prédominance d'individus jeunes ou de petits diamètres. Les individus de diamètres compris entre 10 cm et 20 cm sont les plus importants avec une fréquence de 71,28 % du groupe. Quant aux individus de diamètres compris entre 20 cm et 100 cm, ils présentent de faibles densités avec une fréquence de 28,20 % et ceux de diamètres supérieurs à 100 cm sont quasi absents du groupe.

Les résultats de l'analyse log-linéaire (Annexe II), liée à la différence entre les deux distributions ne sont pas significatifs (*Prob* = 0,72) et indiquent globalement une concordance entre la structure observée et celle déduite de la distribution de Weibull.

La densité moyenne des individus de dbh ≥ 10 cm est égale à 191,34 individus/ha, la surface terrière moyenne est de 38,56 m²/ha et le diamètre moyen dg = 50,27 cm confirment l'allure de la courbe. La hauteur totale du peuplement ligneux est évaluée en moyenne à 15,87 m. Ces différentes valeurs indiquent que les individus de diamètre moyen sont nombreux.

5.1.6. Caractéristiques dendrométriques du Groupe de forêts fétiches à *Zanthoxylum leprieurii* et *Triplochiton scleroxylon*

La figure 35 présente la structure par classe de diamètre du groupe à *Zanthoxylum leprieurii* et *Triplochiton scleroxylon*. Cette structure diamétrique présente une allure en "J renversé" avec un paramètre de forme *C* de la distribution de Weibull de l'ordre de 0,96, caractéristique des peuplements d'âges multiples.

79

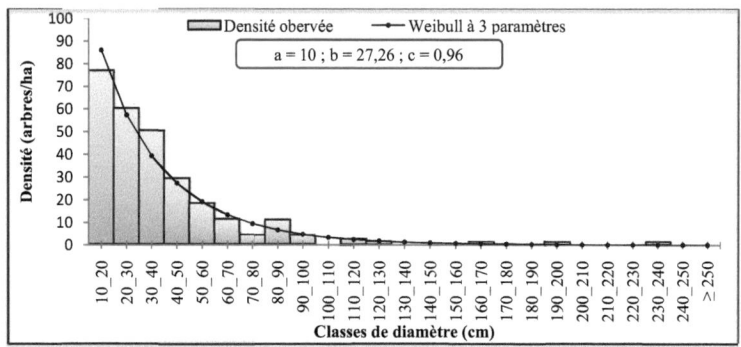

Figure 35 : Structure en diamètre des individus du groupe de forêt fétiches à *Zanthoxylum leprieurii* et *Triplochiton scleroxylon*

De l'analyse de la figure 35, il ressort que les individus de diamètres compris entre 10 cm et 20 cm ct, 20 cm et 100 cm sont les plus représentés avec des fréquences relatives de 65,30 % et 34,20 % tandis que ceux de diamètres supérieurs à 100 cm sont très faiblement représentés avec une fréquence de 0,70 % dans le groupe.

Les résultats de l'analyse log-linéaire (Annexe II), liée à la différence entre les deux distributions ne sont pas significatifs (*Prob* = 0,36) et indiquent globalement une concordance entre la structure observée et celle déduite de la distribution de Weibull.

La densité des individus dbh ≥ 10 cm qui est égale à 275,22 individus/ha confirment cette tendance. Il en est de même de la surface terrière qui est de 50,02 m²/ha et du diamètre moyen dg = 45,82. La hauteur totale du peuplement est évaluée à 15,03 qui traduisent ainsi l'hétérogénéité des espèces constituant le groupe.

5.1.7. Caractéristiques dendrométriques du Groupe de forêts fétiches à *Icacina trichantha* et *Dracaena surculosa*

La structure en diamètre des arbres du groupe de forêts fétiches à *Icacina trichantha* et *Dracaena surculosa* est présentée sur la figure 36.

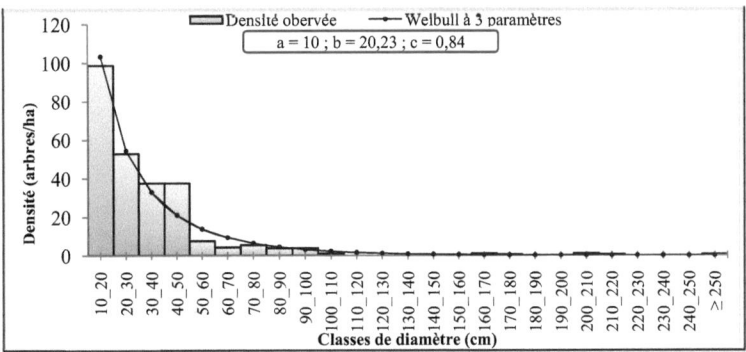

Figure 36 : Structure en diamètre des individus du groupe de forêts fétiches à *Icacina trichantha* et *Dracaena surculosa*

L'examen de la figure 36 montre que la structure en diamètre des arbres du groupe de forêts fétiches à *Icacina trichantha* et *Dracaena surculosa* présente une allure en "J" renversé avec un paramètre de forme c de la distribution de Weibull de l'ordre de 0,84 caractéristique des peuplements multispécifiques avec prédominance d'individus jeunes ou de petits diamètres. Les individus de diamètres compris entre 10 cm et 20 cm sont les plus importants du groupe avec une fréquence de 71,20 %. Quant aux individus de diamètres compris entre 20 cm et 100 cm, ils présentent de faibles densités avec une fréquence de 28, 25 % tandis que ceux de diamètres supérieurs à 100 cm sont quasi absents du groupe.

Les résultats de l'analyse log-linéaire (Annexe II), liée à la différence entre les deux distributions ne sont pas significatifs (*Prob.*= 0,75) et indiquent globalement une concordance entre la structure observée et celle déduite de la distribution de Weibull.

Les valeurs de la densité des individus dbh $\geq$ 10 cm est égale à 257,75 individus/ha, la surface terrière qui est de 36,44 m^2/ha et le diamètre moyen dg = 40,97 confirment l'allure du graphique. La hauteur totale du peuplement est évaluée à 14,23 m.

5.1.8. Caractéristiques dendrométriques du Groupe de forêts fétiches à *Maranthes robusta* et *Mallotus oppositifolius*

La figure 37 présente la structure diamétrique du groupe de forêts fétiches à *Maranthes robusta* et *Mallotus oppositifolius*. La structure en diamètre des arbres de ce groupe présente une allure en "J renversé", avec un paramètre de forme c de la distribution de Weibull de l'ordre de 0,99 caractéristique d'un peuplement multispécifique.

81

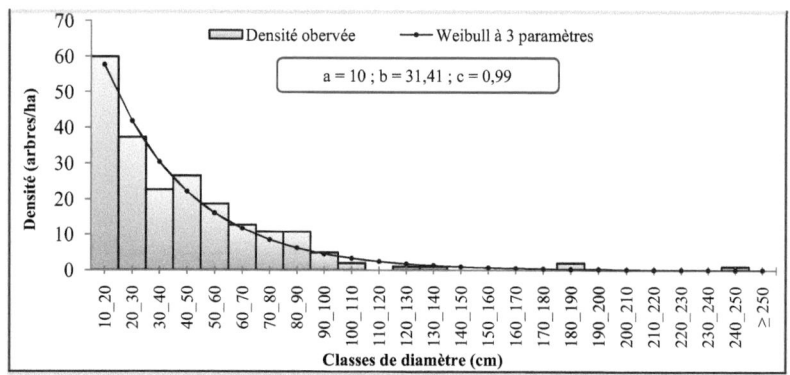

Figure 37 : Structure en diamètre des individus du groupe de forêts fétiches à *Maranthes robusta* et *Mallotus oppositifolius*

L'examen de la figure 37 montre que les individus de diamètres compris entre 10 cm et 20 cm sont les plus abondants avec une fréquence 58,74 %. Les espèces les plus rencontrées dans cette classe de diamètre sont : *Acacia erythrocalyx, Acalypha ciliata, Aframomum sceptrum, Anthocleista djalonensis, Baissea zygodioides*. Ceux de diamètre supérieur à 110 cm sont quasi-absents du groupe avec une fréquence de 0,61 %. Ceux dont les diamètres sont compris entre 20 à 100 cm sont présents avec une fréquence de 40,57 %. Ces individus appartiennent notamment aux espèces *Cola gigantea, Lecaniodiscus cupanioides, Dialium guineense, Tetrapleura tetraptera*.

Les résultats de l'analyse log-linéaire (Annexe II), liée à la différence entre les deux distributions ne sont pas significatifs (*Prob.* = 0,26) et indiquent globalement une concordance entre la structure observée et celle déduit de la distribution de Weibull.

Les valeurs de la densité des individus dbh ≥ 10 cm est égale à 211,33 individus/ha, la surface terrière est de 44,92 m²/ha et le diamètre moyen dg = 49,30 confirment la tendance de la courbe. La hauteur totale du peuplement est évaluée à 15,81 m.

Le tableau X présente la corrélation de Pearson et Probabilité de signification entre les paramètres dendrométriques.

Tableau X : Corrélation de Pearson et Probabilité de signification entre les paramètres dendrométriques

	D	G	dg	H
G	-0,141			
	0,133			
dg	-0,525**	0,909**		
	0,000	***0,000***		
H	-0,133	0,679**	0,627**	
	0,160	***0,000***	***0,000***	
c	-0,212*	0,134	0,203*	0,209*
	0,023	*0,156*	***0,030***	***0,025***

**. Correlation is significant at the 0.01 level (2-tailed).
*. Correlation is significant at the 0.05 level (2-tailed).

D = Densité, G = Surface terrière, dg = diamètre moyen des arbres, H = Hauteur des arbres, c = Paramètre de distribution de Weibull

De l'observation du tableau X, il ressort que les corrélations positives très hautement significatives (*Prob = 0,001*) ont été notées entre la densité et le diamètre moyen des arbres et le paramètre c de Weibull, entre la surface terrière et la hauteur des arbres ainsi que le diamètre moyen des arbres. En d'autres termes, plus la densité des arbres est élevée, plus élevée est la hauteur des arbres des forêts.

5.2. Caractéristiques dendrométriques des groupes de forêts de société secrètes

Les caractéristiques dendrométriques ont été analysées à travers le diamètre moyen des arbres, la surface terrière, la hauteur moyen des arbres de chaque groupe de forêts de société secrètes.

5.2.1. Caractéristiques dendrométriques du Groupe des forêts de société secrètes à *Acacia erythrocalyx* et *Milicia excelsa*

La structure en diamètre des arbres du groupe de forêts de société secrètes à *Acacia erythrocalyx* et *Milicia excelsa* présente une allure "J renversé", avec un paramètre de forme *c* de la distribution de Weibull de l'ordre de 1,01 (figure 38) caractéristique des peuplements multispècifiques.

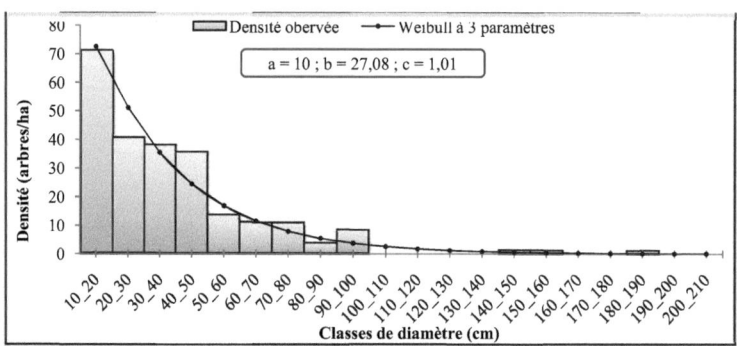

Figure 38 : Structure en diamètre des individus du groupe de forêts de société secrètes à *Acacia erythrocalyx* et *Milicia excelsa*

L'examen de la figure 38 montre que les individus de diamètres compris entre 10 cm et 20 cm sont les plus représentés avec une fréquence de 60,35 % tandis que ceux de diamètres supérieurs à 100 cm sont quasi-absents du groupe avec une fréquence de 0,61 %. Par ailleurs, les individus dont les diamètres sont compris entre 20 cm et 100 cm y sont présents avec une fréquence de 39,04 % mais à de faibles densités.

Les résultats de l'analyse log-linéaire (Annexe II), liée à la différence entre les deux distributions ne sont pas significatifs *(Prob.*= 0,60) et indiquent globalement une concordance entre la structure observée et celle déduite de la distribution de Weibull.

La structure diamétrique du groupe est confirmée par la densité moyenne des individus de dbh ≥ 10 cm qui est égale à 237,13 individus/ha, la surface terrière moyenne est de 38,16 m²/ha et le diamètre moyen dg = 45,62 cm confirment la présence des individus de petits diamètres dans ce groupe. La hauteur totale du peuplement est évaluée en moyenne à 16,51 m.

5.2.2. Caractéristiques dendrométriques du Groupe des forêts de société secrètes à *Caloncoba echinata* et *Bombax buonopozense*

La figure 39 présente la structure diamétrique du groupe de forêts de société secrètes à *Caloncoba echinata* et *Bombax buonopozense*.

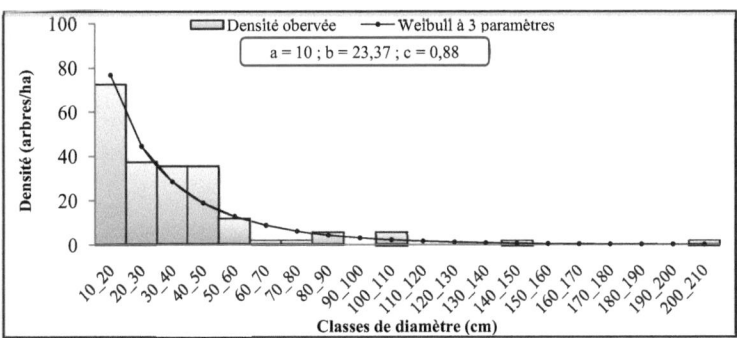

Figure 39 : Structure en diamètre des individus du groupe de forêts de société secrètes à *Caloncoba echinata* et *Bombax buonopozense*

L'examen de la figure 39 montre que la structure en diamètre des arbres du groupe de forêts de société secrètes à *Caloncoba echinata* et *Bombax buonopozense* présente une allure en "J" renversé avec un paramètre de forme *c* de la distribution de Weibull de l'ordre de 0,88, caractéristique des peuplements multispécifiques avec prédominance d'individus jeunes ou de petits diamètres. Les individus de diamètres compris entre 10 cm et 20 cm sont les plus importants du groupe avec une fréquence de 69,65 %. Quant aux individus de diamètres compris entre 20 cm et 100 cm, ils présentent de faibles densités avec une fréquence de 29,60 % tandis que ceux de diamètres supérieurs à 100 cm sont quasi absents avec une fréquence de 0,80 % du groupe.

Les résultats de l'analyse log-linéaire (Annexe II) liée à la différence entre les deux distributions ne sont pas significatifs (*Prob.* = 0,73) et indiquent globalement une concordance entre la structure observée et celle déduit de la distribution de Weibull.

Cette tendance est confirmée par les valeurs de la densité moyenne des individus de dbh > 10 cm qui est de 212,31 ± 75,69 individus/ha, la surface terrière est de 33,28 ± 18,35 m²/ha et le diamètre moyen dg = 45,69 ± 19,76. La hauteur totale du peuplement est évaluée à 16,27 m ± 1,76.

Le tableau XI présente la corrélation de Pearson et Probabilité de signification entre les paramètres dendrométriques.

Tableau XI : Corrélation de Pearson et Probabilité de signification entre les paramètres dendrométriques

	D	G	dg	H
G	-0,304			
	0,291			
dg	-0,688**	0,894**		
	0,007	***0,000***		
H	-0,084	0,488	0,390	
	0,776	*0,077*	*0,168*	
c	0,256	0,102	-0,040	-0,010
	0,378	*0,729*	*0,891*	*0,974*

**. Correlation is significant at the 0.01 level (2-tailed).
*. Correlation is significant at the 0.05 level (2-tailed).

D = Densité, G = Surface terrière, dg = diamètre moyen des arbres, H = Hauteur des arbres, c = Paramètre de distribution de Weibull

En outre, les corrélations positives très hautement significatives (*Prob = 0,001*) ont été notées entre la densité le diamètre moyen et la surface terrière.

5.3. Caractéristiques dendrométriques des Groupes de forêts communautaires

L'analyse des paramètres écologiques est faite à travers chaque groupe de forêts communautaires.

5.3.1. Caractéristiques dendrométriques du Groupe de forêts communautaires à *Celtis zenkeri* et *Trichilia prieureana*

La structure en diamètre des arbres du groupe de forêts communautaires à *Celtis zenkeri* et *Trichilia prieureana* présente une allure "J renversé" avec un paramètre de forme *c* de la distribution de Weibull de l'ordre de 0,82 caractéristique des peuplements multispécifiques (figure 40).

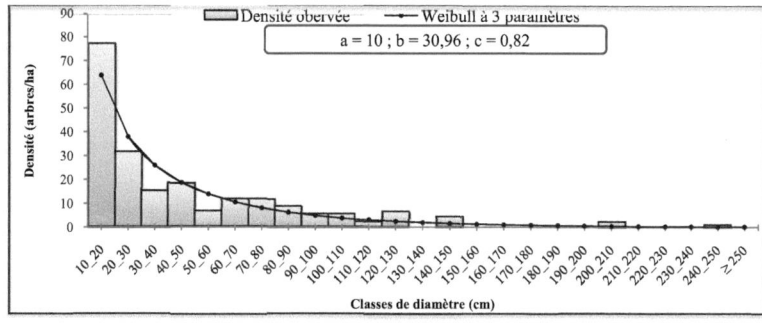

Figure 40 : Structure en diamètre des individus du groupe de forêts communautaires à *Celtis zenkeri* et *Trichilia prieureana*

L'examen de la figure 40 montre que les individus de diamètres compris entre 10 cm et 20 cm sont les plus représentés avec une fréquence de 58,24 % tandis que ceux de diamètres supérieurs à 100 cm sont faiblement représentés avec une fréquence de 2,34 % au sein de ce groupe. Par ailleurs, les individus dont les diamètres sont compris entre 20 cm et 100 cm y sont présents avec une fréquence de 39,42 % mais à de faibles densités.

Les résultats de l'analyse log-linéaire (Annexe II), liée à la différence entre les deux distributions ne sont pas significatifs (*Prob.*= 0,53) et indiquent globalement une concordance entre la structure observée et celle déduite de la distribution de Weibull.

La structure diamétrique du groupe est confirmée par la densité moyenne des individus de dbh ≥ 10 cm qui est égale à 209,69 individus/ha, la surface terrière moyenne est égale à 59,06 m²/ha et le diamètre moyen dg = 55,93 cm. La hauteur totale du peuplement est évaluée en moyenne à 17,32 m.

5.3.2. Caractéristiques dendrométriques du Groupe de forêts communautaires à *Tabernaemontana pachysiphon* et *Calycobolus africanus*

La figure 41 présente la structure diamétrique du groupe de forêts communautaires à *Tabernaemontana pachysiphon* et *Calycobolus africanus*.

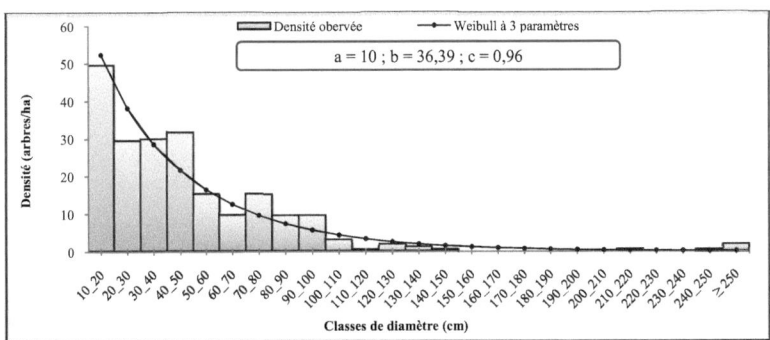

Figure 41 : Structure en diamètre des individus du groupe de forêts communautaires à *Tabernaemontana pachysiphon* et *Calycobolus africanus*

L'examen de la figure 41 montre que la structure en diamètre des arbres du groupe de forêts communautaires à *Tabernaemontana pachysiphon* et *Calycobolus africanus* présente une allure en "J" renversé avec un paramètre de forme c de la distribution de Weibull de l'ordre de 0,96 caractéristique des peuplements d'âges multiples avec prédominance d'individus jeunes ou de petits diamètres. Les individus de diamètres compris entre 10 cm et 20 cm sont les plus importants du groupe avec une fréquence de l'ordre de 66,52 %. Quant aux individus de diamètres compris entre 20 cm et 100 cm, ils présentent de faibles densités avec une fréquence de 34 % tandis que ceux de diamètres supérieurs à 100 cm sont quasi absents avec une fréquence de l'ordre de 0,48 % du groupe.

Les résultats de l'analyse log-linéaire (Annexe II), liée à la différence entre les deux distributions ne sont pas significatifs (*Prob.* = 0,83) et indiquent globalement une concordance entre la structure observée et celle déduit de la distribution de Weibull.

Cette tendance est confirmée par les valeurs de la densité moyenne des individus de dbh > 10 cm qui est de 211,33 individus/ha, la surface terrière est de 66,89 m²/ha et le diamètre moyen dg = 60,26. La hauteur totale du peuplement est évaluée à 17,85 m.

5.3.3. Caractéristiques dendrométriques du Groupe de forêts communautaires à *Baissea zygodioides* et *Caloncoba echinata*

La figure 42 présente la structure diamétrique du groupe de forêts communautaires à *Baissea zygodioides* et *Caloncoba echinata*. La structure en diamètre des arbres de ce groupe présente une allure en "J renversé", avec un paramètre de forme *c* de la distribution de Weibull de l'ordre de 1,03 caractéristique des peuplements d'âges multiples.

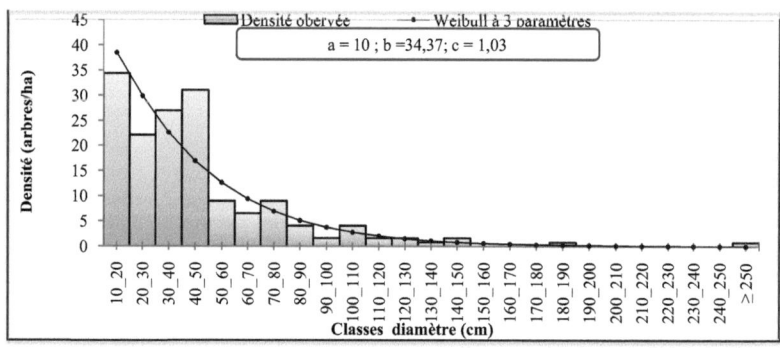

Figure 42 : Structure en diamètre des individus du groupe de forêts communautaires à *Baissea zygodioides* et *Caloncoba echinata*

L'examen de la figure 42 montre que les individus de diamètres compris entre 10 et 20 cm sont les plus abondants avec une fréquence de l'ordre de 62 %. Les espèces les plus rencontrées dans cette classe de diamètre sont : *Albizia glaberrima, Glyphaea brevis, Voacanga africana, Ficus lutea, Cola millenii*. Ceux de diamètres supérieurs à 110 cm sont très peu représentés dans ce groupe avec une fréquence de 2,30 %. Ceux dont les diamètres sont compris entre 20 à 100 cm sont présents avec une fréquence de 35,70 % mais en faibles densités. Ces individus appartiennent aux espèces *Spathodea campanulata*, *Terminalia glaucescens*, *Lecaniodiscus cupanioides*, *Dialium guineense*, *Tetrapleura tetraptera*.

Les résultats de l'analyse log-linéaire (Annexe II), liée à la différence entre les deux distributions, ne sont pas significatifs (*Prob.* = 0,70) et indiquent globalement une concordance entre la structure observée et celle déduit de la distribution de Weibull.

Les valeurs de la densité des individus dbh ≥ 10 cm est égale à 156,45 individus/ha, la surface terrière est de 53,13 m²/ha et le diamètre moyen dg = 53,13 confirment la tendance de la courbe. La hauteur totale du peuplement est évaluée à 16,58 m.

5.3.4. Caractéristiques dendrométriques du Groupe de forêts communautaires à *Triplochiton scleroxylon* et *Zanthoxylum leprieurii*

La figure 43 présente la structure diamétrique du groupe de forêts communautaires à *Triplochiton scleroxylon* et *Zanthoxylum leprieurii*. La structure en diamètre des arbres de ce groupe présente une allure en "J renversé", avec un paramètre de forme *c* de la distribution de Weibull de l'ordre de 0,81 caractéristique des peuplements multispécifiques.

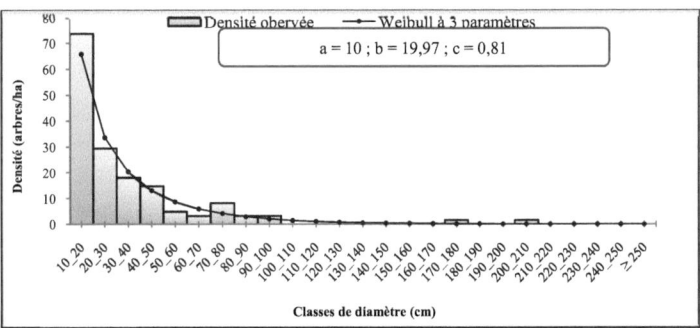

Figure 43 : Structure en diamètre des individus du groupe de forêts communautaires à *Triplochiton scleroxylon* et *Zanthoxylum leprieurii*

De l'analyse de la figure 43, il ressort que, les individus de diamètres compris entre 10 cm et 20 cm sont les plus importants du groupe avec une fréquence de l'ordre de 65,71 %, ceux de diamètres compris entre 20 cm et 100 cm sont présentent mais de faibles densités et une fréquence de 34,20 %.

Les résultats de l'analyse log-linéaire (Annexe II), liée à la différence entre les deux distributions ne sont pas significatifs (*Prob.* = 0,9) et indiquent globalement une concordance entre la structure observée et celle déduite de la distribution de Weibull.

Cette tendance est confirmée par les valeurs de la densité moyenne des individus de dbh > 10 cm qui est 162, 18 individus/ha, la surface terrière qui est de 24,98 m^2/ha et le diamètre moyen dg = 61,60. La hauteur totale du peuplement est évaluée à 15,60 m.

5.3.5. Caractéristiques dendrométriques du Groupe de forêts communautaires à *Nesogordonia kabingaensis* et *Nauclea diderrichii*

La structure en diamètre des arbres du groupe de forêts communautaires à *Nesogordonia kabingaensis* et *Nauclea diderrichii* est représentée sur la figure 44.

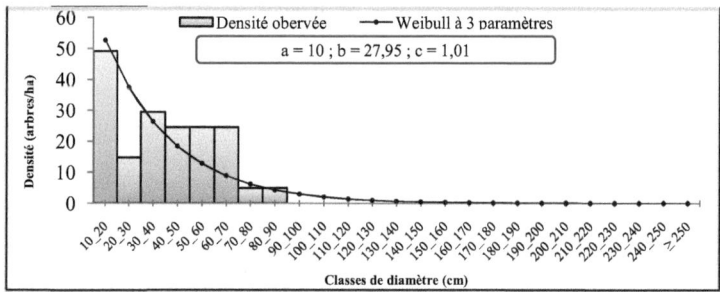

Figure 44 : Structure en diamètre des individus du groupe de forêts communautaires à *Nesogordonia kabingaensis* et *Nauclea diderrichii*

L'analyse de la figure 44 montre que la structure en diamètre des arbres du groupe à *Nesogordonia kabingaensis* et *Nauclea diderrichii* présente une allure en "J renversé" avec un paramètre de forme *c* de la distribution de Weibull de l'ordre de 1,01 caractéristique des peuplements d'âges multiples. Les individus de diamètres compris entre 10 cm et 20 cm et, 20 cm et 90 cm sont les plus représentés avec une fréquence de l'ordre de 99,78 % tandis que ceux de diamètre supérieur à 100 cm sont très faiblement représentés avec une fréquence de l'ordre de 0,22 %.

Les résultats de l'analyse log-linéaire (Annexe II), liée à la différence entre les deux distributions ne sont pas significatifs (*Prob.* = 0,9) et indiquent globalement une concordance entre la structure observée et celle déduite de la distribution de Weibull.

Cette tendance est confirmée par les valeurs de la densité moyenne des individus de dbh ≥ 10 cm qui est égale à 176,96 individus/ha, la surface terrière moyenne est de 25 m^2/ha et le diamètre moyen dg = 40,63 cm qui confirment la proportion des individus de diamètre moyen. La hauteur totale du peuplement est évaluée en moyenne à 15,63 m.

Le tableau XII présente la corrélation de Pearson et Probabilité de signification entre les paramètres dendrométriques.

Tableau XII : Corrélation de Pearson et Probabilité de signification entre les paramètres dendrométriques

	D	G	dg
G	0,445**		
	0,000		
dg	-0,109	0,795**	
	0,403	*0,000*	
H	0,479**	0,660**	0,420**
	0,000	*0,000*	*0,001*

**. Correlation is significant at the 0.01 level (2-tailed).
*. Correlation is significant at the 0.05 level (2-tailed).

D = Densité, G = Surface terrière, dg = diamètre moyen des arbres, H = Hauteur des arbres, c = Paramètre de distribution de Weibull.

De l'observation du tableau XII, il ressort que les corrélations positives très hautement significatives (*Prob = 0,001*) ont été observées entre la densité, la surface terrière et la hauteur des arbres.

En somme, les paramètres dendrométriques ont montré que la structure verticale des groupes de forêts est dominée par les éléments de la strate C (7 à 15 m). Les forêts de sociétés secrètes ont une forte densité du peuplement ligneux.

CHAPITRE VI : IDENTIFICATION DES INDICATEURS DE MENACE ET DE PRESSION

Les facteurs de dégradation sont similaires pour les deux catégories de forêts (sacrées et communautaires). Deux types de facteurs ont été identifiés : les facteurs directs et indirects. La dynamique des forêts sacrées et communautaires a été appréciée par le Système d'Information Géographique.

6.1. Classification des facteurs directs de dégradation

Les facteurs directs de dégradation sont hiérarchisés par ordre d'importance et par paire selon la perception de la population enquêtée individuellement ou en focus group. Les différents croisements effectués ont permis d'identifier les menaces directs qui pèsent sur les espèces végétales des forêts sacrées et communautaires de chaque commune par ordre d'importance.

6.1.1. Classification par ordre d'importance

L'enquête individuelle réalisée auprès des ménages et des personnes ressources ont permis d'attribuer des scores à chaque types de facteurs directs selon son importance. Les résultats de cette classification sont illustrés par la figure 45.

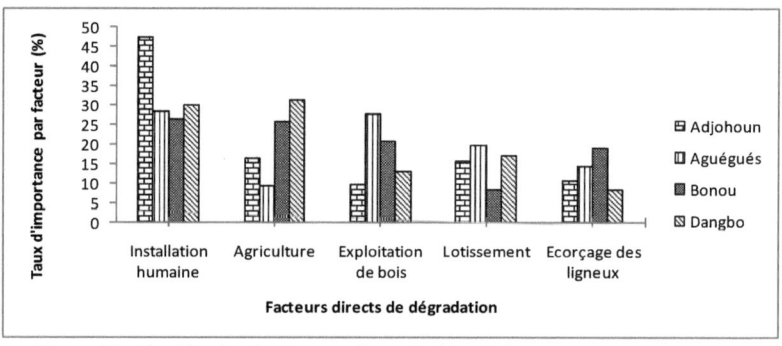

Figure 45 : Classification des facteurs directs de dégradation par ordre d'importance

Il ressort de l'analyse de la figure 45 que, l'installation humaine (34,5 %) est le facteur le plus déterminant, suivie de l'agriculture (22 %), de l'exploitation du bois (16 %), le lotissement (15 %) et l'écorçage des espèces végétales (12,6 %). C'est dire que l'installation humaine et l'agriculture sont les déterminants directs les plus importants de dégradation des forêts sacrées et communautaires des communes selon les perceptions des populations prises individuellement.

La croissance rapide de la population a entraîné une augmentation des besoins dans les communes. C'est dans le souci de satisfaire les besoins de leurs familles que certains agriculteurs proches des forêts sacrées, même initiés, et n'ayant pas le droit de propriété sur ces forêts, n'ont d'autre choix que de braver les interdits qui protègent les forêts, dans le seul but de gagner des espaces cultivables, ''le ventre affamé n'a point d'oreille'' disent-ils. Ils les détruisent, soit directement par abattage des arbres, soit par grignotage à partir de la lisière, à cause de la contiguïté de leur habitation avec les forêts. Ces agriculteurs, refusent de payer les dots symboliques que doit payer tout contrevenant qui aurait violé les interdits. Les malédictions qui devraient frapper les contrevenants ne sont plus effectives, ce qui motive les populations à persister dans cette pratique. Les forêts communautaires sont aussi soumises à la pression démographique du fait de leur caractère non craintif (non sacré) et surtout de l'accès plus facile dans ces forêts. Ces forêts servent de lieu de repos selon 100 % des populations enquêtées. La fréquentation étant quotidienne dans ces forêts, la destruction devient alors plus facile pour la population.

En ce qui concerne l'installation humaine, elle s'explique par la position de ces forêts. Elles sont souvent situées aux abords des voies principales, de ce fait, les périphéries sont convoitées par les artisans pour installer les hangars et les boutiques par les membres de la collectivité.

6.1.2. Classification par paire des facteurs directs de la dégradation

Le classement des facteurs directs de dégradation selon chaque type d'activité est présenté dans les tableaux XIII.et XIV.

Tableau XIII : Croisement par paire à Adjohoun [____] et Aguégués [____]

	Ag	Is	Eb	Lo	Es	Total	Rang
Ag		Ag	Eb	Ag	Ag	3	1er
Is	Is		Eb	Ag	Es	0	3ex
Eb	Ag	Is		Eb	Eb	2	2ème
Lo	Ag	Is	Eb		Es	0	3ex
Es	Ag	Is	Eb	Lo		0	3ème
Total	3	3	2	1	0	20	
Rang	1ex	1er	3ème	4ème	5ème		

Source : Enquête de terrain, 2012

Il ressort du tableau XIII que, chacun des acteurs des Communes de Adjohoun et des Aguégués a classé les activités destructives des forêts sacrées et communautaires en 5ème rang selon son poids dans la dégradation du couvert végétal. Du croisement avec les populations de la Commune de Adjohoun et des Aguégués, l'agriculture est la première cause de dégradation, suivie de l'exploitation de bois. L'installation humaine, le lotissement et l'écorçage des ligneux occupent le 3ème rang.

Tableau XIV : Croisement par paire à Bonou ■ et Dangbo □

	Ag	Is	Eb	Lo	Es	Total	Rang
Ag		Is	Ag	Lo	Ag	2	1ex
Is	Is		Is	Lo	Is	2	1er
Eb	Ag	Is		Lo	Eb	1	3ème
Lo	Ag	Is	Lo		Lo	1	3ex
Es	Ag	Is	Eb	Lo		0	5ème
Total	3	3	1	1	0	20	
Rang	1ex	1er	3ex	3ème	5ème		

Source : Enquête de terrain, 2012

Il ressort du tableau XIV que , l'agriculture, l'installation humaine occupent le 1er rang selon les populations de la Commune de Bonou et de Dangbo, l'exploitation du bois et le lotissement occupent le 3ème rang et l'écorçage des ligneux le 5ème rang.

De l'analyse des tableaux XIII et XIV, il ressort que, les facteurs directs de dégradation varient d'une Commune à une autre et aussi d'une activité à une autre. Selon les populations, c'est l'agriculture qui détruit le plus les forêts sacrées et communautaires.

6.2. Facteurs indirects de dégradation des forêts sacrées et communautaires de la basse vallée

Plusieurs facteurs indirects concourent à la dégradation des forêts sacrées et communautaires. Les plus cités par la population sont plus liés aux forêts sacrées. Au titre de ces facteurs indirects, il a été cité par la population, le type de fétiche, la corruption des chefs traditionnels, la prolifération des religions étrangères, la situation conflictuelle des terres, les raisons d'ordre politique et naturel, la croissance démographique, le dysfonctionnement des comités de gestion.

6.2.1. Type de fétiche

Concernant les types de fétiches, 100 % des personnes répondants ont révélé que plus le fétiche est exigeant, mieux la forêt sacrée est conservée. Ainsi, les fétiches qui limitent l'accès à la forêt à certaines catégories de la population (femmes, non initiés, etc.) et à des périodes données, permettent de réduire la pression sur ces forêts. Les fétiches les plus craints sont ceux qui donnent systématiquement la mort ou le mauvais sort à tout récidiviste qui aurait enfreint à leurs prescriptions (figure 46).

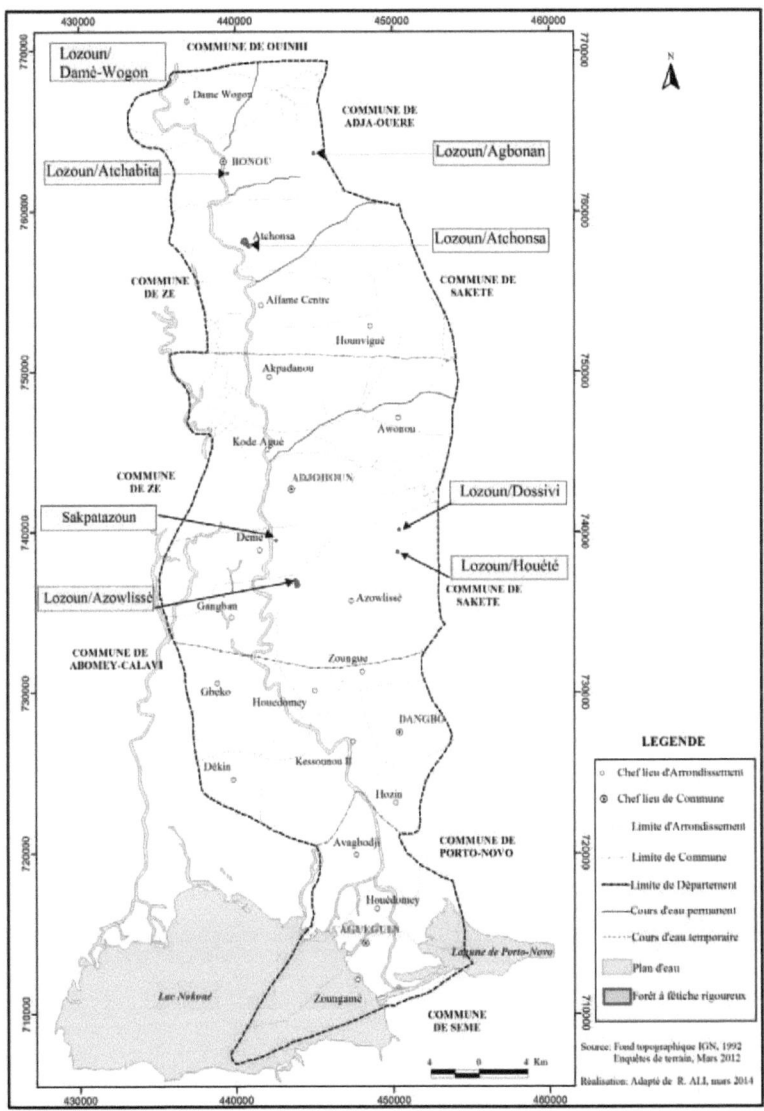

Figure 46 : Répartition des forêts à fétiche rigoureux

De l'analyse de la figure 46, il ressort que , ''Lozoun'' (23 %) et ''Sakpatazoun'' (3 %) sont les forêts les plus craintes par la population. Elles sont qualifiées par la totalité des répondants de forêts abritant des ''fétiches rigoureux''. Plus le fétiche est rigoureux, mieux la forêt sacrée se porte. Les forêts sacrées qui abritent des fétiches dites rigoureux sont les moins dégradées. C'est le cas des forêts de société secrètes qui apparaissent les moins dégradées.

Par contre d'autres forêts sacrées abritent des fétiches moins rigoureux c'est-à-dire ''tolérant'' ou des ''fétiches de bonheur'' (figure 47). Elles sont les plus dégradées.

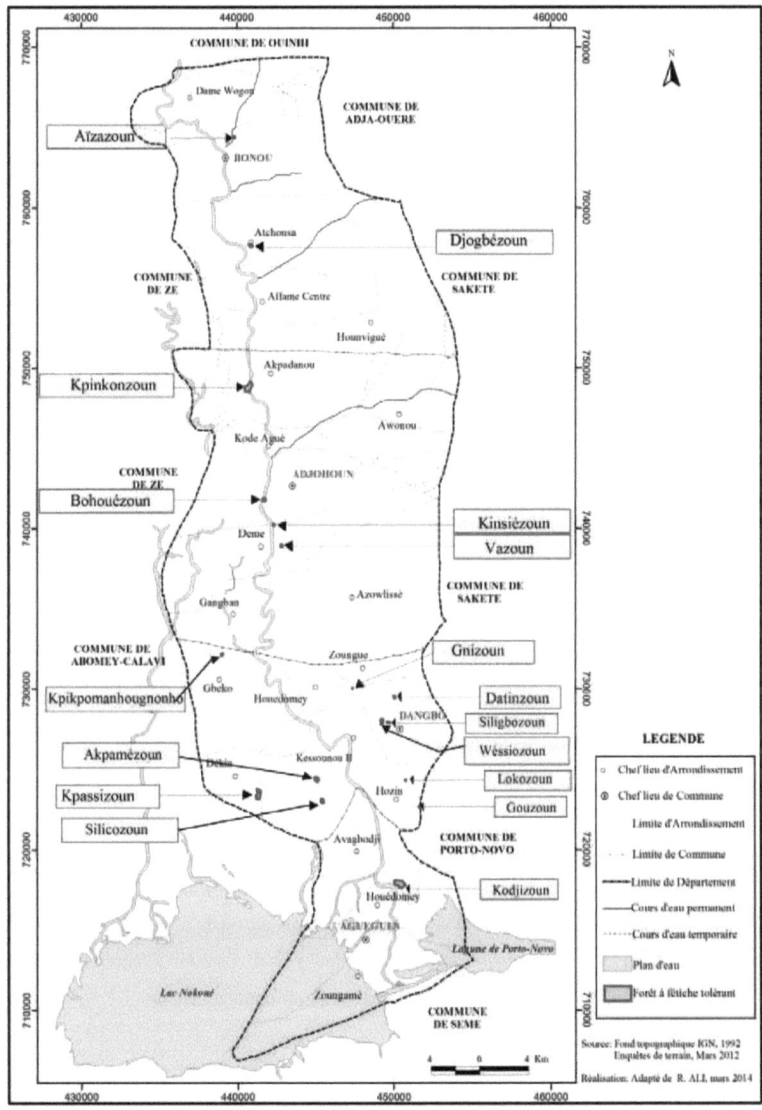

Figure 47 : Répartition des forêts à fétiche tolérant

97

De l'observation de la figure 47, il ressort que, 18 forêts abritent des fétiches qualifiés de ''tolérant''par 100 % de la population locale. Parmi ces fétiches, les plus cités sont : ''hoho'', ''Tohossou'' et ''Dan''. Ces fétiches sont non craints en ce sens qu'ils incarnent des esprits susceptibles d'apporter le bonheur et la richesse. Ces forêts sont les plus fréquentées par la population et par conséquent, elles sont plus soumises aux pressions anthropiques. Elles sont les plus dégradées.

6.2.2. Corruption des chefs traditionnels, cause de la disparition des espèces végétales des forêts sacrées

La corruption des chefs traditionnels, garants de la protection des forêts sacrées, influe sur la dégradation de ces forêts. La principale cause de cette corruption est le chômage dans lequel végète un grand nombre de chefs traditionnels. En effet, à travers la politique de la «séparation de l'élite de la masse» mise en place par les colons français pendant la période coloniale, l'ancienne structure de gestion des affaires sociales et économique qui reposait en grande partie sur les gardiens de la tradition, a été progressivement remplacée par une nouvelle forme d'organisation dans laquelle seuls les citoyens formés dans le nouvel système éducatif, calqué sur le modèle occidental, peuvent prétendre à un emploi raisonnablement rémunéré. Cet état de choses explique la difficulté que rencontre la plupart des gardiens de la tradition, détenteurs de savoirs endogènes (et donc pas formés dans le nouveau système éducatif), à s'insérer dans les milieux socioprofessionnels formels. Ne disposant donc pas d'emploi et, en conséquence, ne jouissant pas d'une autonomie financière, lesdits chefs traditionnels autorisent la coupe de bois de chauffe et même l'abattage des bois d'œuvre (Photos 1 et 2). Cette autorisation se donne contre une somme d'argent qui varie selon la quantité et le nombre d'espèces abattues. Puisqu'il est devenu évident pour les administrés que l'application des règles traditionnelles sur les forêts sacrées est de plus en plus aléatoire et se fait selon le bon vouloir ou les intérêts personnels de ces gardiens de la tradition, beaucoup d'entre eux sont très contestés et font face à une fronde de leurs administrés. 65 % des forêts sacrées identifiées sont sous l'autorité d'un chef traditionnel contesté (le choix ne fait pas l'unanimité) par 86 % de la population locale s'intéressant aux forêts sacrées.

Photo 1 : Des billes de *Ceiba pentandra* coupées dans la forêt sacrée de Bohoézoun à Adjohoun

Photo 2 : Souche et bille de *Ceiba pentandra* coupée à la tronçonneuse dans la forêt sacrée de Bohoézoun à Adjohoun

Prise de vue : ALI, septembre 2012

La photo 1 montre des billes de *Ceiba pentandra* coupée dans la forêt sacrée de Bohoézoun, Commune de Adjohoun. La photo 2, montre la souche et la bille de *Ceiba pentandra* coupée à la tronçonneuse. La coupe de ces espèces a été autorisée par le chef traditionnel, mais, le ramassage des billes a été interdit par certains adeptes du fétiche qui contestent l'autorité du dignitaire.

6.2.3. Prolifération des religions modernes

Une écrasante majorité de la population de la basse vallée de l'Ouémé a reconnu avoir abandonné progressivement les religions traditionnelles au profit des religions modernes. Ces dernières prennent de l'ampleur (figure 48) au point où les connaissances endogènes devant permettre la protection des forêts sacrées sont en déperdition.

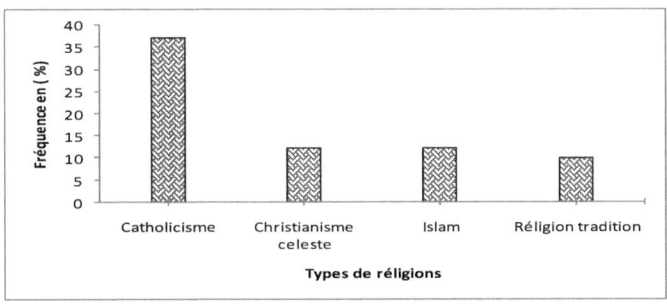

Figure 48 : Types de religions identifiées

De l'observation de la figure 48, il ressort que, le catholicisme (37,1 %) est la religion la plus pratiquée, suivi du christianisme céleste (12,3 %), de l'Islam (12,1 %) et de la religion traditionnelle 10 %.

Ce résultat montre que la population de la basse vallée de l'Ouémé est attachée aux religions étrangères. Or, les fidèles desdites religions, diabolisent les mythes qui entourent ces forêts sacrées. Par conséquent, les populations, notamment les jeunes, ne prennent aucune mesure permettant de préserver la diversité biologique dans les forêts. Les jeunes sont séduits par la modernité et ne sont plus disposés à continuer avec les pratiques traditionnelles jugées «diaboliques». La relève de la classe des gardiens de la tradition n'est plus assurée. Cette situation décourage les gardiens de temple dont 100 %, déçue, s'exclament : '' nos enfants ont abandonné l'héritage que nous ont laissé nos aïeux. A défaut de les protéger, ils se mettent à les profaner. Tout ceci est à l'origine des désordres auxquels nous assistons aujourd'hui''.

6.2.4. Fonctionnement des comités de gestion des forêts sacrées et communautaires, source d'exploitation anarchique des ligneux

En l'absence des agents des Eaux et forêts, agents assermentés de l'État, chargés de faire respecter les lois nationales en matière d'exploitation ou même d'accès aux forêts, les comités de gestion jouent un rôle de régulation de l'accès aux forêts sacrées et communautaires, selon les coutumes et lois traditionnelles. Même si les règles traditionnelles ne couvrent pas forcément tous les aspects identifiés par la réglementation nationale régissant les forêts, la pertinence du rôle des comités de gestion est assez évidente: ils permettent d'éviter l'anarchie totale que l'absence d'agents assermentés de l'État est susceptible de créer. Leur rôle est très déterminant dans la conservation des forêts sacrées et communautaires. Dans la Basse vallée de l'Ouémé, la majorité des forêts sacrées (85 %) et des forêts communautaires (75 %) de ne dispose pas d'un comité de gestion. Cette situation influence le maintien de ces forêts. La figure 49 présente la répartition des forêts sacrées et communautaires disposant d'un comité de gestion.

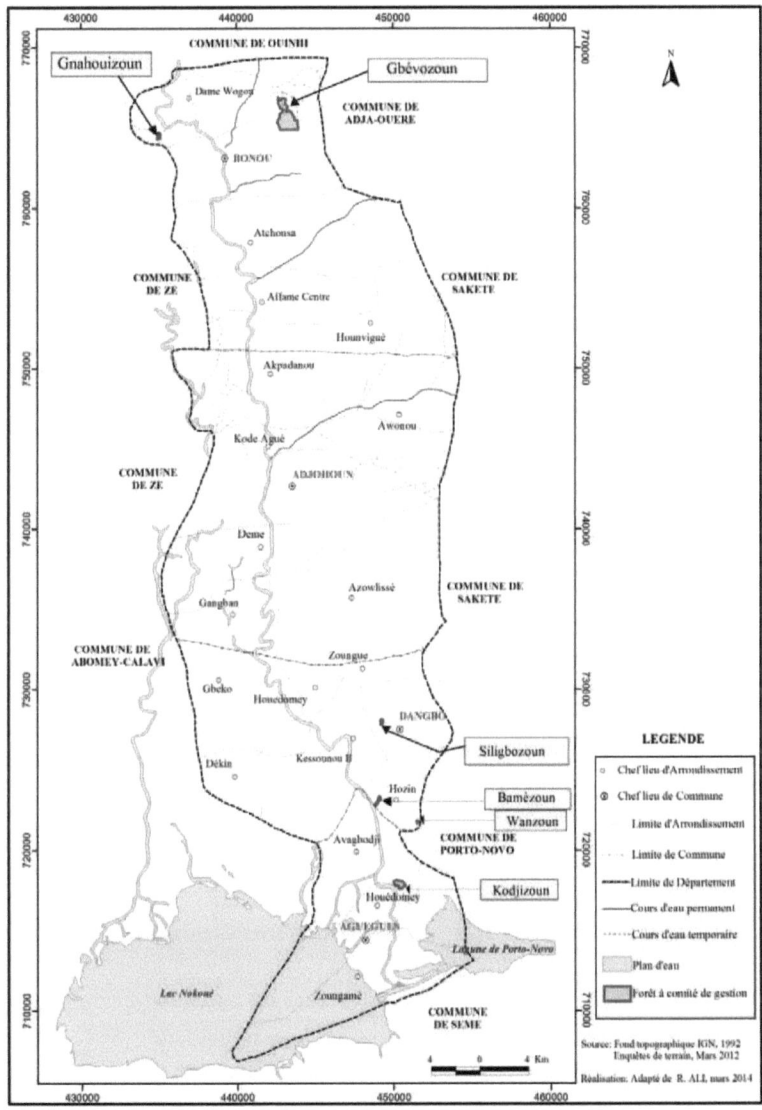

Figure 49 : Forêts à comité de gestion

De l'observation de la figure 49, il ressort que 2 forêts communautaires, soit 25 %, et 4 forêts sacrées, soit 15 %, possèdent un comité de gestion fonctionnel. Il s'agit des forêts communautaires de Gnahouizoun et de Gbévozoun dans la Commune de Bonou et des forêts sacrées de Siligbozoun et Wanzoun dans la Commune de Dangbo, de Bamèzoun, de Kodjizoun dans la Commune des Aguégués.

Les comités de gestion sont crées dans les forêts communautaires par les ONG '' CIPCRE'' et ''Nature tropicale'' dans le but de protéger certaines espèces endémiques comme le singe à ventre rouge (*Cercopithecus erythrogaster*) dans la forêt de Gnahouizoun et les quelques rares pieds de *Triplochiton scleroxylon* dans la forêt de Gbévozoun. Dans les forêts sacrées, les comités de gestion sont crées par les dignitaires (Klounon) reconnus par les initiés dans le but de régulariser les visites dans les forêts au risque de profaner le fétiche.

La création des comités de gestion dans ces forêts ont beaucoup contribué à la sauvegarde de ces espèces endémiques mais surtout à favoriser l'aménagement des forêts sacrées et communautaires.

6.2.5. Croissance démographique, un facteur de la dégradation des forêts sacrées et communautaires

La croissance démographique constitue également un facteur déterminant dans la dégradation des forêts sacrées et communautaires. En effet, les populations de la basse vallée de l'Ouémé ont connu une évolution progressive dans le temps (figure 50).

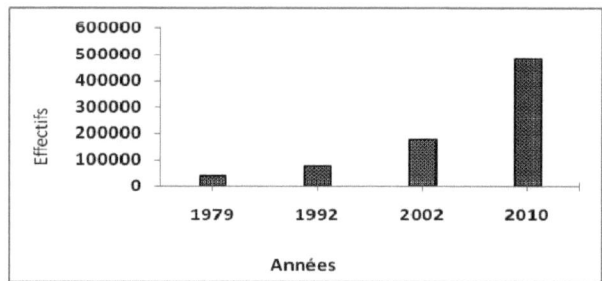

Figure 50 : Evolution de la population en 1979 et 2010

Source : Données de l'INSAE, 1988, 1994 et 2004

De l'analyse de la figure 50, il ressort que, de 1979 à 2010 la population de la basse vallée de l'Ouémé est passée de 38 466 habitants à 483 299 soit 13 fois la population de 1979. Cette augmentation a entraîné un accroissement des besoins en terres cultivables et en

102

infrastructures socio-communautaires. En effet, les populations, en quête de terres cultivables, grignotent aussi bien les aires sacrées que celles communautaires pour installer leur champ ou construire des infrastructures socio-communautaires (photos 3 et 4).

Photo 3 : Forêt sacrée de Kingbézoun fortement dégradée par les champs dans la Commune de Adjohoun

Photo 4 : Forêt sacrée de silicozoun fortement dégradée suite à la construction du Complexe scolaire d'Akpamè dans la Commune de Dangbo

Prise de vue : ALI, Septembre 2012

La photo 3 montre, une parcelle labourée entourant la forêt sacrée de Kingbézoun dans la Commune de Adjohoun. Cette forêt sacrée, à l'instar des autres, est grignotée chaque année par les populations. La photo 4 montre le complexe scolaire de Akpamé construit dans la forêt sacrée de Silicozoun, Commune de Dangbo.

En effet, les autorités communales, en manque de domaines publics disponibles pour la construction des infrastructures socio-communautaires, sont obligées de grignoter les forêts sacrées et communautaires pour ériger des infrastructures. C'est ainsi que, le complexe Scolaire d'Akpamè dans la Commune de Dangbo a été construit sur une partie du domaine de la forêt sacrée de Silicozoun. De même, la forêt sacrée de Nankizèzoun dans la Commune de Adjohoun, a été remplacée par le centre de santé communal.

L'occupation des forêts sacrées et communautaires par les populations et les autorités communales est, selon 98 % des personnes, due à l'accroissement démographique qui a entraîné des besoins en infrastructures socio-communautaires, ce qui exige des espaces. En l'absence d'une politique domaniale fiable, l'État qui devrait participer à la conservation des forêts sacrées et communautaires, contribue à leur dégradation.

6.2.6. Statut foncier, une menace pour les forêts sacrées et communautaire de la basse vallée de l'Ouémé

Les domaines sur lesquels sont installées la plupart des forêts sacrées et communautaires sont l'objet de litige. Selon les enquêtes de terrain, 98 % des forêts sacrées se situent aujourd'hui sur des domaines litigieux contre 76 % de forêts communautaires. Selon les travaux de terrain, le principal mode d'accès aux domaines abritant lesdites forêts est le don (100 %). Aucun des domaines n'est doté ni de convention de vente, ni de titre foncier. Aujourd'hui, l'achat est devenu le mode le plus prépondérant dans le secteur d'étude avec une parcellisation exagérée des domaines suivie de la spéculation des prix des parcelles. En fait, il s'agit d'une conséquence directe des mutations en matière d'accès au foncier, mutations intervenues à la faveur de la colonisation française au cours de laquelle un code foncier, calqué sur celui de la puissance coloniale, a été élaboré et mis en vigueur. La principale différence entre ce nouveau droit positif (en matière de foncier) et le droit coutumier qui a régi le foncier pendant la période précoloniale est l'introduction de la notion de propriété individuelle. En effet, dans le droit coutumier, la terre n'appartenait à personne, les générations du moment étant plutôt considérées comme de simples «gérants» qui occupaient la terre, puis la laissaient aux générations futures. La notion de cession n'était pas du tout à l'ordre du jour. Dans le nouveau droit foncier par contre, l'incessibilité de la terre est totalement remise en cause, ouvrant ainsi la voie à l'acquisition et, partant, la vente des terres. Il s'en est suivi une ruée vers la «commercialisation» des terres, avec les polémiques et les litiges qui vont avec. Ainsi, naissent des conflits qui opposent les membres d'une même collectivité, des villages voisins et des groupes socioculturels. Cette situation s'est accentuée avec le chômage grandissant des jeunes qui n'hésitent pas à s'improviser demandeurs fonciers ou jouer à les intermédiaires, aggravant, de fait l'insécurité foncière. Nombreuses sont les forêts sacrées et communautaires dont les domaines subissent cette emprise (photo 5).

Photo 5 : Domaine de la forêt sacrée de Gninzoun dans la
Commune de Dangbo
Prise de vue : ALI, septembre 2012

La photo 5 montre en avant-plan, une plaque de réclamation de droit de propriété implantée sur le domaine de la forêt de Gninzoun dans la Commune de Dangbo, une forêt sacrée dont la superficie était estimée à 2,60 ha en 2000 a été dégradée par l'agriculture, aujourd'hui, elle est réduite à une superficie d'environ 2,10 ha. En arrière- plan, s'observe quelques pieds d'arbres préservés pour protéger le fétiche.

En effet, le domaine de cette forêt fait objet de litige domanial. Les descendants du premier dignitaire de la forêt revendiquent la propriété du domaine avec ceux du nouveau dignitaire. Toute tentative de règlement à l'amiable a échoué selon 100 % des sages.

6.2.7. Raisons politiques, facteur de disparition des forêts sacrées et communautaires

La période de 1972 à 1980 a été défavorable au maintien des forêts sacrées et communautaires au Bénin. L'acte le plus déterminant, avait été la lutte contre la sorcellerie, décrétée par le gouvernement communiste d'alors, qui a eu pour corollaire la destruction systématique des forêts sacrées soupçonnées d'abriter des sorciers et des esprits maléfiques. Dans la basse vallée de l'Ouémé, ces actions musclées se sont réalisées véritablement entre 1977 et 1978 selon les sages. Tous les gros arbres ont été abattus en présence des forces de l'ordre, du Chef de district, des propriétaires et de la population locale. La conséquence de ces actions de la période révolutionnaire est la réduction considérable des superficies de nombreuses forêts sacrées voire la disparition de certaines d'entre elles. C'est le cas des forêts sacrées de Ahouianzoun et Akpamèzoun dans la Commune de Dangbo et Lozoun de Azowlissè et Nankizèzoun dans la Commune de Adjohoun qui ont disparu suite à ces actions. Cette démystification ou profanation – selon la perspective d'appréciation – d'arbres sacrés qui font partie des fondements même des croyances populaires locales et des religions endogènes, a pu

105

être perçue par une partie de la population locale comme un affaiblissement des religions en question, et ceci à un moment où la concurrence avec les religions importées, tel le christianisme, avait pris une ampleur significative. La perte de fidèles par les religions endogènes au profit de leurs concurrentes était devenue inéluctable. C'est pourquoi il n'est pas exagéré de considérer que l'un des résultats actuels de cette politique marxiste-léniniste est la forte propension d'un grand nombre de Béninois à se tourner vers les religions étrangères. L'ébranlement des religions traditionnelles et des croyances y sont liées (notamment les croyances aux choses sacrées) est clairement défavorable au maintien des forêts.

6.3. Dynamique des unités d'occupation du sol de la basse vallée de l'Ouémé

La carte d'occupation du sol réalisée à partir des images Landsat TM, 1986, 2000 et 2010 a permis de montrer l'évolution des unités d'occupation entre ces trois années (figure 51).

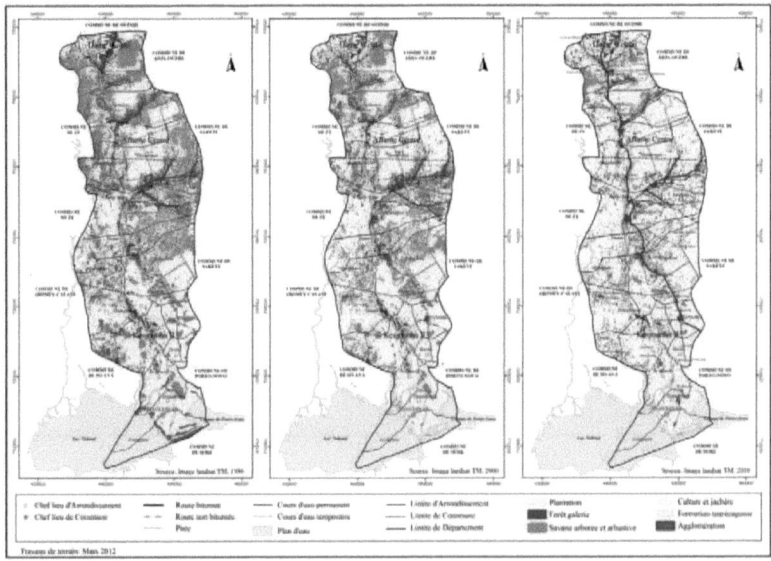

Figure 51 : Evolution des unités d'occupation des terres

De l'analyse de la figure 51, il ressort que, toutes les formations naturelles (forêt galerie, savane arborée et arbustive et plan d'eau) ont connu une évolution régressive dans le temps et sont passées respectivement de 1036,33 ha , 8810,41 ha et 26762,53 ha en 1986 à 0 ha, 953,31 ha et 17419,33 ha en 2012 (tableau XV).

Tableau XV : Evolution des unités d'état de surface entre 1986 et 2012

Année	État en 1986		État en 2012		Progression (1986-2012)	Régression (1986-2012)
Unités d'occupation du sol	en ha	en %	en ha	en %	en ha	en ha
Galerie forestière	1036,33	1,4	0,00	0	_	-1036,33
Savanes arborée et arbustive	8810,41	12,3	953,31	1,33	_	-7857,10
Mosaïque de cultures et de jachères	11796,73	16,5	16979,37	23,72	5182,64	_
Plantation	3713,81	5,2	9855,46	13,77	6141,65	_
Agglomération	1697,72	2,4	3257,19	4,55	1559,47	_
Formation marécageuse	17755,10	24,8	23107,96	32,29	5352,86	_
Plan d'eau	26762,53	37,4	17419,33	24,34	_	-9343,19
Total	71572,62	100	71572,62	100	71572,62	

Source : Enquête de terrain, mars 2012

De l'analyse du tableau XV, il ressort que, de 1986 à 2012, les mosaïques de cultures et de jachères, les plantations, les agglomérations et les formations marécageuses ont connu une augmentation de leurs superficies au détriment des forêts galeries, des savanes arborées et arbustives et des plans d'eau. Ces unités spatiales ont connu une diminution à cause de l'installation humaine, de l'agriculture, de l'exploitation du bois et aussi la rente foncière. L'augmentation de la superficie des marécages est due à l'accumulation des débris végétaux transportés par les eaux de ruissellement. Selon les enquêtes de terrain, la savane arborée est constamment perturbée par l'homme. Elle est brûlée, pâturée, défrichée ou coupée pour confectionner des ''Acadja'', obtenir du bois, de nouvelles terres pour l'agriculture. Cette évolution régressive, due à ces facteurs de dégradation des formations naturelles, n'a guère épargné les forêts sacrées et communautaires.

6.3.1. Dynamique des forêts sacrées et communautaires

6.3.1.1. État des forêts sacrées et communautaires en 1986

La carte d'occupation du sol (figure 52) issue des images Landsat TM, 1986, a permis d'identifier et de quantifier les superficies des unités d'états de surface en général et surtout celles des forêts sacrées et communautaires en particulier. La superficie des forêts sacrées et communautaires étant négligeable, un zoom est fait sur quelques échantillons de ces dernières (forêts sacrées et communautaires) afin de quantifier leur superficie réelle. Pour ce fait, six (6) forêts sacrées et communautaires ont fait objet de zoom afin de montrer l'évolution de leurs superficies dans le temps et dans l'espace. Il s'agit de la forêt de Gnahouizoun, de Gbévozoun, de Kpinkonzoun, de Vazoun, de Kodjizoun et de Silicozoun (figure 52).

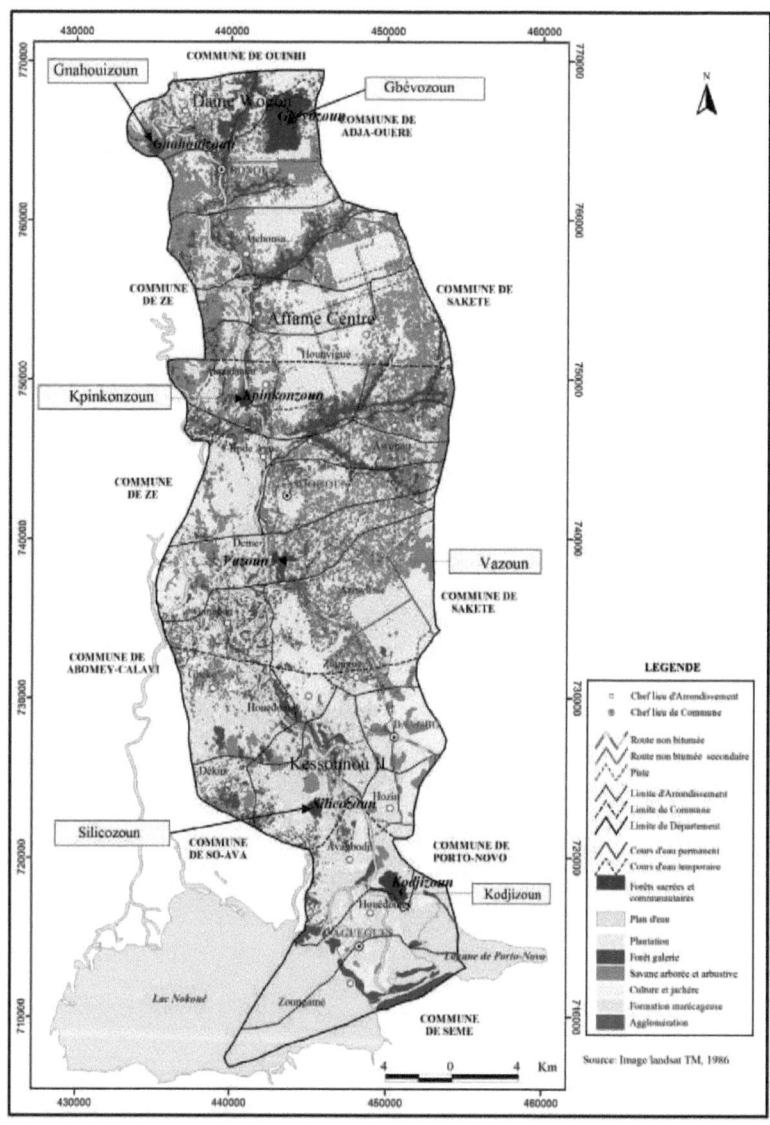

Figure 52 : État des unités d'occupation du sol, des forêts sacrées et communautaires en 1986

110

Du zoom de ces forêts, il ressort que, la forêt de Gnahouizoun occupe une superficie de 77,166 ha, celle de Gbévozoun est de 82,97 ha. Les forêts de Kpinkonzoun, de Vazoun, de Kodjizoun et de Silicozoun occupent respectivement 77,75 ha, 3,09 ha, 21,23 ha et 7,31 ha.

6.3.1.2. État des forêts sacrées et communautaires en 2000

La figure 3 réalisée à partir des images Landsat TM, 2000, montre l'état des superficies des six forêts échantillonnées (zoom).

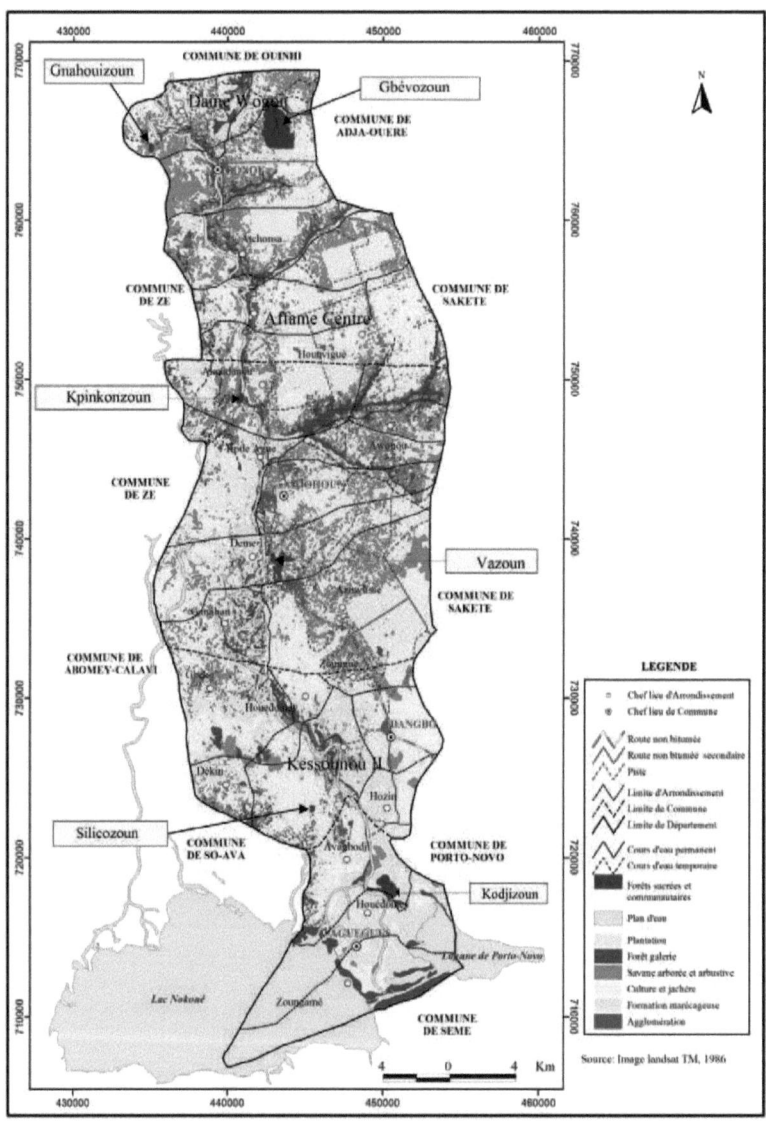

Figure 53 : État des forêts sacrées et communautaires en 2000

De l'analyse de la figure 53, il ressort que, la superficie de la forêt communautaire de Gnahouizoun est passée de 77,16 ha en 1986 à 15,52 ha en 2000, celle de Gbévozoun est passée de 82,97 ha en 1986 à 44,82 ha en 2000. La forêt sacrée de Kpinkonzoun est passée de 77,75 ha à 21,69 ha, la forêt sacrée de Vazoun de 3,09 ha à 1,31 ha, la forêt sacrée de Kodjizoun de 21,23 ha à 12,76 ha et celle de Silicozoun de 7,31 ha à 1,24 ha. A l'image de ces six forêts, toutes les autres forêts sacrées et communautaires ont connu une régression de leurs superficies entre 1986 et 2000.

6.3.1.3. État des forêts sacrées et communautaires en 2012

La figure 54 réalisée à partir des images Landsat ETM 7+ 2010, complétées par les enquêtes de terrain, a permis de quantifier la superficie des forêts sacrées et communautaires en 2012.

113

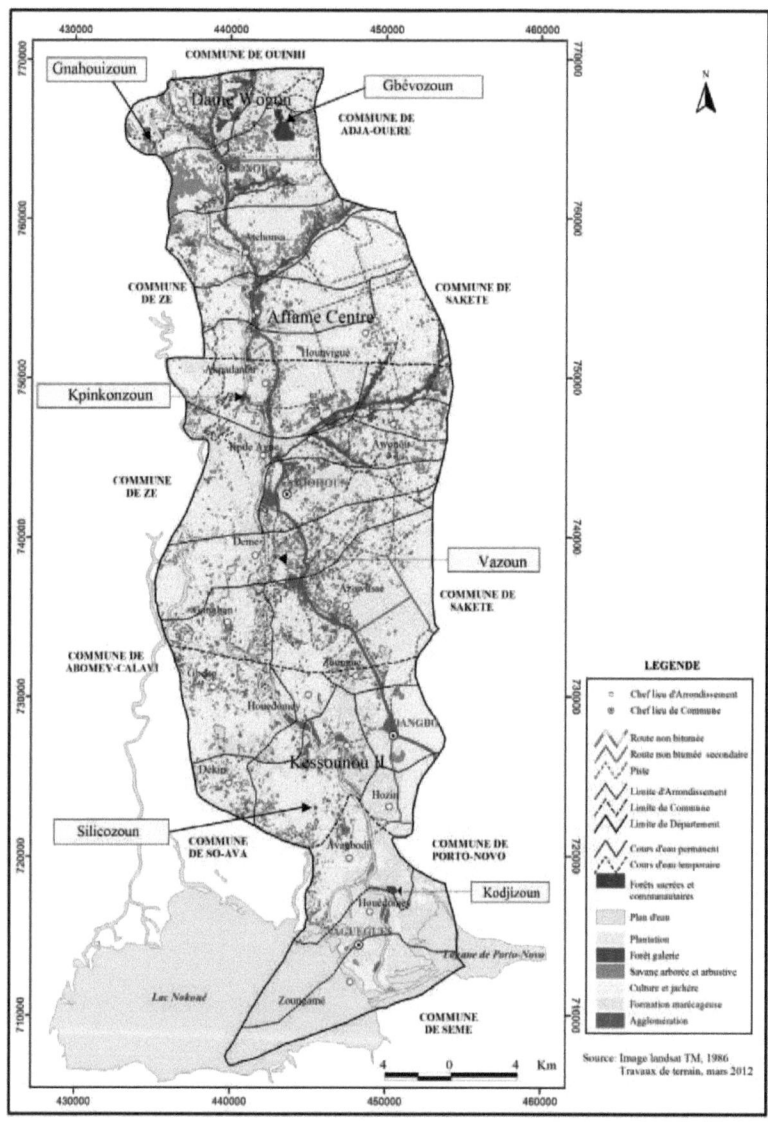

Figure 54 : État des forêts sacrées et communautaires en 2012

114

De l'analyse de la figure 54, il ressort que, la forêt de Gnahouizoun est passée de 15,52 ha en 2000 à 5,4 ha, celle de Gbévozoun de 44,82 ha à 35,9 ha, Kpinkonzoun de 21,69 ha à 7,10 ha, Vazoun de 1,31 ha à 0,10 ha, Kodjizoun de 12,76 ha à 6,96 ha et Silicozoun de 1,24 ha à 1,20 ha. Cette régression a été observée sur l'ensemble des superficies des 35 forêts sacrées et communautaires identifiées dans la basse vallée de l'Ouémé. C'est la preuve que les pressions sur les forêts sacrées et communautaires ne cessent d'augmenter d'année en année.

6.3.1.4. Évolution de la superficie des forêts sacrées et communautaires de 1986 à 2012

De 1986 à 2012, les forêts sacrées et communautaires ont connu des modifications sensibles (figure 55). Ces modifications sont dues aux facteurs directs et indirects de dégradation de ces forêts.

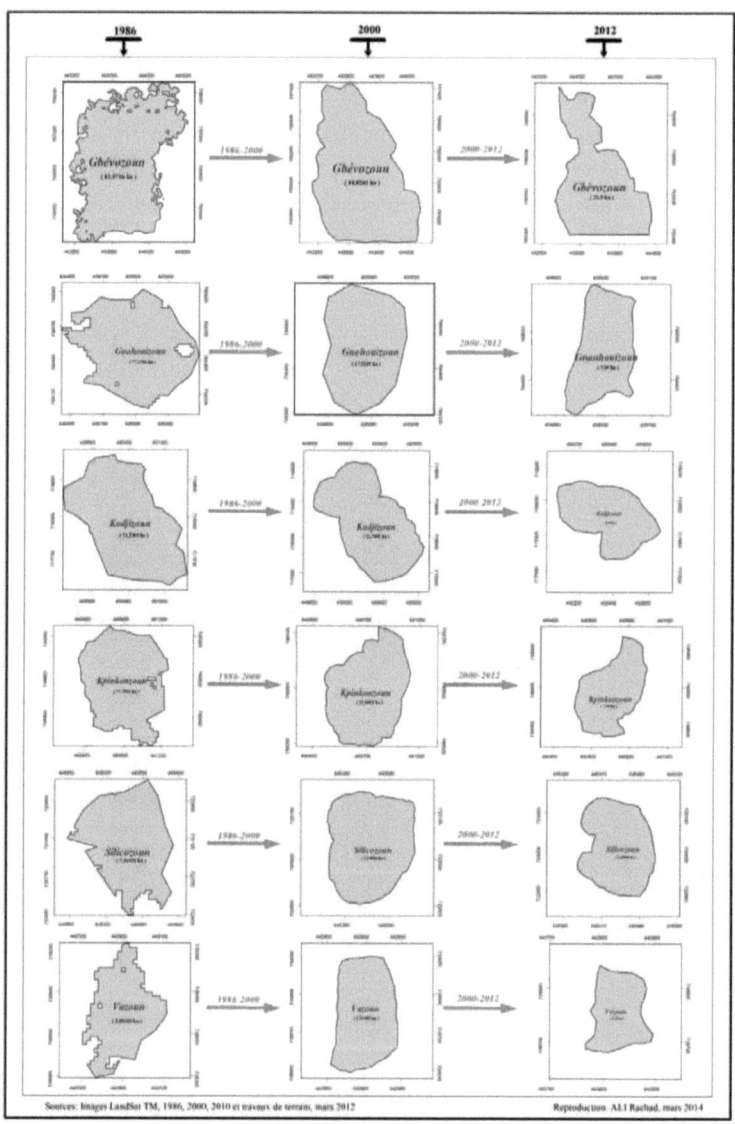

Figure 55 : Évolution des forêts sacrées et communautaires

116

La destruction des forêts sacrées et communautaires s'accentue d'année en année. La pauvreté est la principale cause de dégradation des forêts sacrées et communautaires de la basse vallée de l'Ouémè. Sans ressources pour assurer leur propre survie, il est très difficile aux populations de penser à la préservation des ressources naturelles. Ces populations ont le choix entre épuiser les maigres ressources pour survivre et périr en les préservant. Cette situation les pousse alors à surexploiter non seulement les forêts et savanes, mais également les forêts sacrées et communautaires, ce qui provoque en conséquence la diminution de leurs superficies.

La synthèse de l'évolution des superficies des forêts sacrées et communautaires échantillonnées se résume dans le tableau XVI.

Tableau XVI : Évolution des forêts sacrées et communautaires entre 1986 et 2012

Nom de la forêt	Superficie (ha) en 1986	Superficie (ha) en 2000	Superficie (ha) en 2012
Gbévozoun	82,97	44,82	35,9
Gnahouizoun	77,16	15,52	5,4 ha
Kodjizoun	21,23	12,76	6,96
Kpinkonzoun	77,75	21,69	7,10
Silicozoun	7,31	1,24	1,20
Vazoun	3,09	1,31	0,10

Source : Images Landsat (1986, 2000 et 2012), Travaux de terrain, 2013

De l'observation de la figure 55 et du tableau XVI, il ressort que, toutes les six forêts sacrées et communautaires ont régressé. A l'instar de ces six forêts, toutes les forêts sacrées et communautaires ont subi également une diminution de leur superficie entre 1986 et 2012. L'analyse de l'évolution de la superficie des forêts sacrées et communautaires dans le temps et dans l'espace révèle une menace sérieuse sur le potentiel forestier. En effet, suite à l'augmentation de la population entraînant un déficit foncier, les agriculteurs grignotent chaque année des portions de forêts sacrées et communautaires. Ceci s'accompagne de la régression de leurs superficies et la fragmentation de ces forêts. Les superficies dégradées sont de nos jours entièrement occupées par les champs, les habitations et même les infrastructures sociocommunautaires.

Il est important de faire une simulation de projection dans le temps afin d'avoir une idée sur le devenir de ces forêts dans le futur si aucune mesure de protection n'est prise.

117

6.4. Durée de vie d'une forêt sacrée et communautaire

Il ressort de l'analyse des différentes formes de pressions exercées sur les forêts sacrées et communautaires, que si les tendances actuelles de dégradation se maintenaient, le taux d'extinction (T) des forêts sacrées et communautaires serait de : $T = \Delta n/n = 4/14/35 = 10$. La durée de vie étant égale à l'inverse du taux d'extinction, donc la durée de vie des forêts sacrées et communautaires **est de 123 ans. Donc, en 123 ans toutes les forêts sacrées et communautaires disparaîtront.**

En définitive, plusieurs facteurs directs et indirects concourent à la dégradation des forêts sacrées et communautaires.

Conclusion partielle

La diversité spécifique est plus élevée dans les forêts fétiches. L'analyse des types phytogéographiques a montré l'abondance et la dominance des espèces Soudano-guinéennes et aussi des espèces pantropicales dans la plupart des groupes de forêts étudiées. Ce qui est un indicateur de l'anthropisation de l'ensemble de ces forêts. La flore locale est en train donc de perdre sa spécificité à cause des activités anthropiques.

Les paramètres dendrométriques ont montré que la structure verticale des groupes de forêts est dominée par les éléments de la strate C (7 à 15 m). Les forêts de sociétés secrètes ont une forte densité du peuplement ligneux. Cette tendance est confirmée par la structure horizontale des groupes de forêts qui est dominée par les individus de diamètre compris entre 10 cm - 20 cm et ceux de 30 cm – 90 cm.

Plusieurs facteurs directs et indirects concourent à la dégradation des forêts sacrées et communautaires. Si les tendances actuelles de l'évolution des pressions humaines se maintenaient, chaque 123 ans une forêt sacrée et communautaire disparaîtra. Mais, les forêts de société secrètes apparaissent les mieux conservées comparativement aux deux autres catégories de forêts.

Ces forêts sacrées et communautaires, bien que dégradées, constituent une réserve de plantes médicinales généralement très rares. L'importance de ces forêts sacrées et communautaires pour la population est étudiée dans le chapitre VII de la troisième partie.

TROISIÈME PARTIE :

PERSPECTIVES DE DURABILITÉ DES FORÊTS SACRÉES ET COMMUNAUTAIRES

La troisième partie du document comprend trois chapitres à savoir : le chapitre VII, aborde l'évaluation des valeurs socioculturelles et économiques des espèces végétales, le chapitre VIII, traite des perspectives de durabilité des forêts sacrées et communautaires et enfin, le chapitre IX qui est consacré à la discussion des résultats.

Les résultats ont été discutés en se basant sur les hypothèses précédemment émises. Les limites de l'étude ont été abordées également dans ce chapitre.

CHAPITRE VII : ÉVALUATION DES VALEURS SOCIOCULTURELLES ET ÉCONOMIQUES DES ESPÈCES VÉGÉTALES

L'importance socioculturelle et économique a été identifiée à partir de la diversité des espèces végétales, de la fréquence des espèces les plus utilisées dans la pharmacopée traditionnelle, des perceptions des groupes socioculturels, des organes utilisés et des techniques de prélèvement. Les pratiques endogènes ont été également décrites dans ce chapitre.

7.1. Diversité des espèces utilisées dans la basse vallée de l'Ouémé

Au total, les populations riveraines des forêts sacrées et communautaires de la basse vallée de l'Ouémé reconnaissent utiliser 158 espèces végétales des forêts sacrées et communautaires (annexe IX). Ces espèces sont réparties en 140 genres et 59 familles. Les familles les plus dominantes sont représentées sur la figure 56.

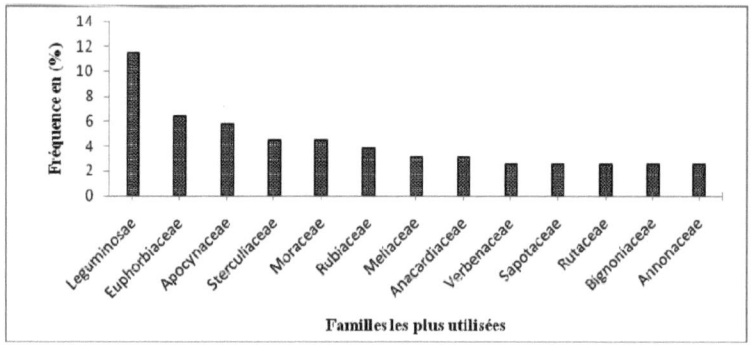

Figure 56 : Familles les plus dominantes

De l'observation de la figure 56, il ressort que les familles les plus dominantes sont : Leguminosae (12 %), Euphorbiaceae (6 %), Apocynaceae (6 %), Sterculiaceae (4 %), Moraceae (4 %), Rubiaceae (4 %) et Méliaceae (3 %).

Certaines espèces sont utilisées dans l'alimentation, la médecine traditionnelle, l'artisanat et la construction, tandis que d'autres sont l'objet d'usages magico-religieux (figure 57).

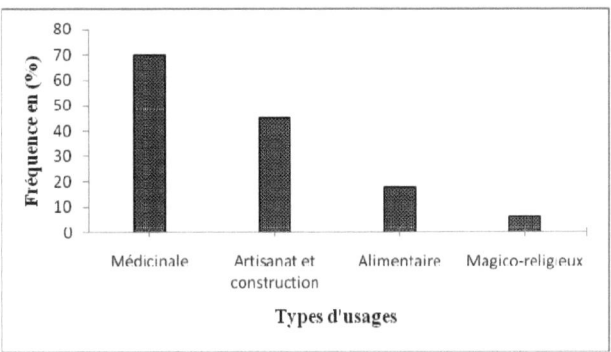

Figure 57 : Catégories d'usage des espèces végétales

L'observation de la figure 57, montre que 70 % des espèces végétales sont utilisées en médecine traditionnelle, 45 % dans l'artisanat et la construction, 18 % en alimentation et 6 % magico-religieux. Il en ressort que la majorité des espèces est utilisée dans la médecine traditionnelle. Le test de la variance ANOVA appliqué aux catégories d'usage montre une différence hautement significative (P < 0,05) suivant l'utilisation de ces espèces végétales par les populations dans les catégories d'usages étudiées.

Ce résultat montre d'une part que, les forêts sacrées et communautaires de la basse vallée de l'Ouémé regorgent d'une diversité d'espèces médicinales et d'autre part que les populations riveraines ont une large connaissance de la valeur thérapeutique des espèces végétales. Les vieux et les femmes reconnaissent à 95 % être attachés à l'usage des espèces végétales des forêts sacrées et communautaires à cause du prix sans cesse croissant des produits pharmaceutiques modernes, alors qu'ils n'auront pas besoin de faire 100 pas au-delà de leur maison avant d'avoir leurs médicaments gracieusement offerts par la nature et bénis par les ancêtres. Ils préfèrent se soigner avec les plantes et ne se rendent dans un centre de santé qu'en cas de complication.

Parmi les 158 espèces végétales, 110 sont reconnues d'usage comme médicinal par les populations et vendues dans les marchés (annexe IX). Les espèces couramment utilisées et leur fréquence sont présentées sur la figure 58.

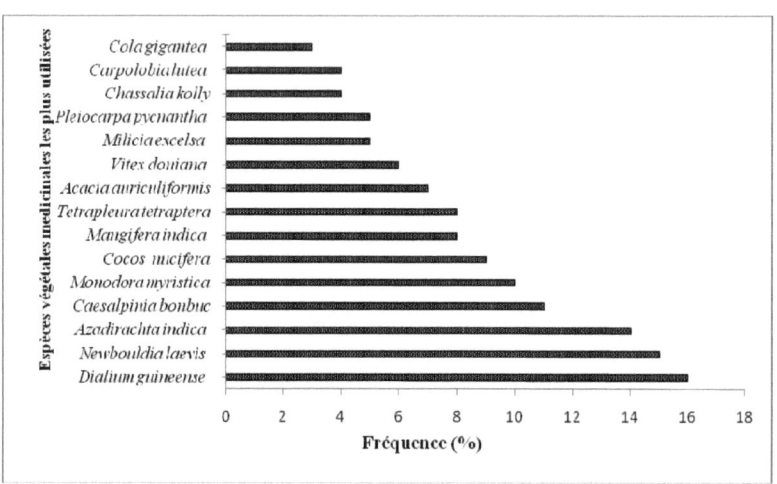

Figure 58 : Fréquence des espèces les plus utilisées en pharmacopée traditionnelle

L'observation de la figure 58 montre que 15 espèces végétales sont plus utilisées dans la pharmacopée traditionnelle : *Dialium guineense* (16 %), *Newbouldia leavis* (16 %), *Azadiratchta indica* (14 %) viennent en première position.

La forte utilisation de *Dialium guineense* s'explique selon 98 % des ménages, par sa valeur socio-économique. En effet, les fruits sont vendus, le bois est utilisé pour l'artisanat et les constructions des maisons. Ces qualités en font une espèce conservée dans les forêts sacrées et communautaires. L'utilisation de *Newbouldia laevis* s'explique selon 96 % des répondants, par son usage multiple (purification, protection contre les mauvais esprits, traitement du paludisme, etc.). *Azadirachta indica,* quant à elle est utilisée, selon 96 % des enquêtés dans le traitement du paludisme et des maladies gastriques. Selon 96 % des populations, le filtrat issu de la macération des feuilles de la plante est utilisé comme pesticide dans l'agriculture. Les espèces végétales identifiées dans les forêts sacrées et communautaires utilisées dans les ménages servent à guérir les maladies courantes telles que : le paludisme, les infections, les maux de ventre, etc. et également dans le domaine magico-religieux comme les rituels de purification et les envoûtements. L'utilisation des espèces végétales des forêts sacrées et communautaires montre que les pratiques endogènes ne sont pas complètement abandonnées par la population de la basse vallée de l'Ouémè.

Parmi ces espèces médicinales, les plus vendues dans les marchés sont : *Tetrapleura tetraptera, Monodora myristica, Acacia auriculiformis.*

7.1.1. Organes utilisés et technique de prélèvement des espèces végétales

7.1.1.1. Organes utilisés

Généralement, 5 organes sont utilisés (feuille, écorce, racine, bois et fruit) par les populations pour traiter diverses maladies (annexe IX). Certains organes sont plus sollicités que d'autres (figure 59).

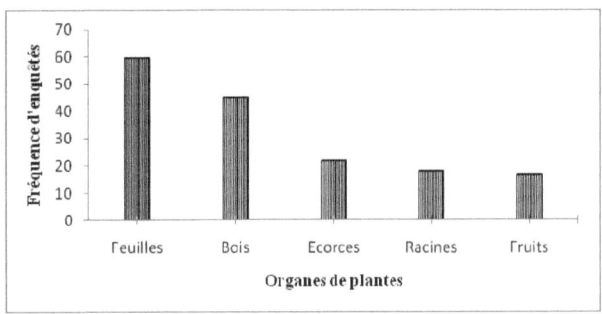

Figure 59 : Fréquence d'utilisation des organes

L'observation de la figure 59 montre que, les feuilles sont les organes les plus utilisés (60 %), suivis du bois (45 %), les écorces (22 %), les racines (18 %) et les fruits (17 %).

La forte utilisation des feuilles et des écorces s'explique par la facilité de prélèvement par rapport à la racine qui nécessite plus d'efforts, surtout pendant la saison sèche. De plus, selon 97 % des populations, les racines de plusieurs espèces seraient toxiques, contrairement à leurs feuilles. Par conséquent, les populations observent de la prudente dans l'utilisation des racines. S'agissant de la forte utilisation du bois, elle est due selon 98 % des dignitaires à la rareté du bois d'œuvre, du bois de service auquel la vallée de l'Ouémé est confrontée. A la recherche du bois de chauffe pour la cuisson ou de bois d'œuvre pour fabriquer les meubles, les objets d'art, etc., les usagers bois affirment ne pas avoir d'autres choix que d'abattre toute sorte d'espèces pour satisfaire leurs besoins. Les fruits sont moins utilisés car la fructification est saisonnière et le mode de conservation est très difficile.

7.1.1.2. Technique de prélèvement

Le prélèvement des organes se fait à l'aide des outils, tels que houe, daba, coupe-coupe, couteau, hachette, etc. La technique de prélèvement est basée sur l'enlèvement total des écorces (Photo 6), ce qui met l'arbre à nu et empêche la circulation de la sève. Parfois, les plantes ou les herbes sont entièrement arrachées, les racines secondaires coupées (Photo 7), ce qui cause des dommages aux plantes, surtout pendant la saison sèche.

 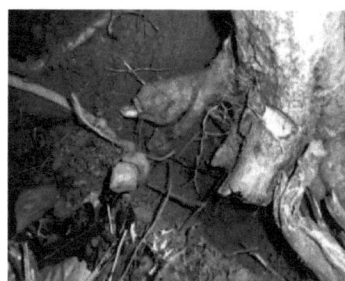

Photo 6 : Un pied de *Cola gigantea* écorcé dans la forêt sacrée de Silicozoun à Akpamé.
Prise de vue : ALI, novembre 2011

Photo 7 : Un pied de *Newbouldia laevis* dépourvu de ses racines secondaires dans la forêt communautaire de Gnanhouizoun à Bonou
Prise de vue : ALI, novembre 2011

La photo 6 montre un pied de *Cola gigantea* écorcé dans la forêt sacrée de Akpamé. L'écorçage poussé a fortement traumatisé le tronc de l'arbre ce qui pourrait bloquer la circulation de la sève. Selon 98 % des tradipraticiens, les écorces de *Cola gigantea* sont reconnues dans la basse vallée pour la vertu de protection contre les envoûtements. Quant à la photo 7, elle montre un pied de *Newbouldia laevis* dépourvu de certaines de ses racines secondaires. L'espèce sans support racinaire solide peut tomber sous l'effet du vent. Mais, selon 98 % des tradipraticiens, les racines de cette espèce sont utilisées par la population pour traiter certaines maladies, en l'occurrence les maladies gastro-intestinales.

L'abondance ou non des organes des espèces utilisées par la population est fonction des saisons. De façon générale, la technique de prélèvement des organes des espèces ne présente aucun caractère de durabilité. Mais, la cueillette ou le ramassage des organes de plantes est la technique qui ne cause aucune préjudice aux arbres exploités (figure 60).

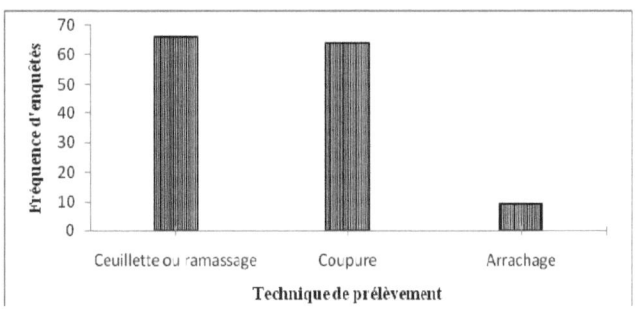

Figure 60 : Technique de prélèvement des organes de plantes

De l'observation de la figure 60, il ressort que la cueillette ou le ramassage (66 %) est la technique la plus utilisée, suivie de la coupure (64 %) et de l'arrachage (10 %). La technique de prélèvement basée sur la coupure ou l'arrachage sont préjudiciables pour les espèces végétales des forêts sacrées et communautaires.

Par ailleurs, la vente des organes des plants est une activité très développée dans la basse vallée de l'Ouémé. En effet, des marchés de vente des organes sont créés dans les villages riverains des forêts sacrées et communautaires (Photos 8 et 9).

Photo 8 : Un marché de vente d'organes de plantes à Dangbo
Prise de vue : ALI, novembre 2011

Photo 9 : Vente d'organes de plantes dans une maison à Adjohoun
Prise de vue : ALI, novembre 2011

La photo 8 montre des organes de plantes exposés dans le marché de Dangbo, situé non loin de la forêt communautaire de Ké. Dans ce marché, il a été dénombré 103 d'étalages. Quant à la photo 9, elle montre des organes de plantes exposés pour la vente dans une maison à

Adjohoun. Ce qui montre la pression des populations locales sur les espèces végétales d'une part et de l'attachement à la médecine traditionnelle d'autre part.

La totalité des vendeuses déclare, que 75 % de ces espèces végétales vendues dans les marchés proviennent des forêts sacrées et communautaires et 25 % sont achetés auprès des grossistes venus de Kétou, Sakété, Pobè. La part significative des forêts sacrées et communautaires est justifiée parce que dans le secteur d'étude, elles sont les seules témoins d'une végétation dense.

7.1.2. Modes de préparation des organes

Plusieurs modes de préparation des plantes (décoction, infusion, pulvérisation, alcoolature, macération, cuisson et manducation) sont utilisés par les populations de la basse vallée de l'Ouémé (figure 61).

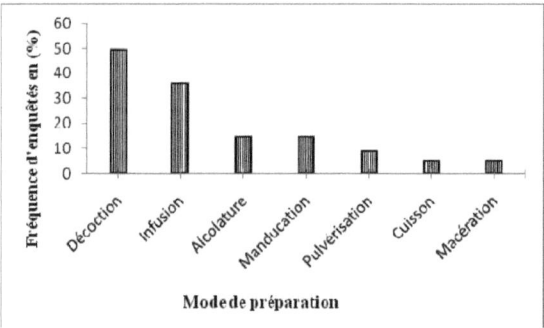

Figure 61 : Modes de préparation des plantes

L'analyse de la figure 61 montre que, la décoction est le mode de préparation le plus utilisé (49 %) par les populations. Elle consiste à faire bouillir les organes des plantes à l'eau jusqu'à la cuisson et à utiliser cette eau sous forme de bain ou de boisson. Cette proportion élevée de la décoction s'explique selon la population locale par la rareté et la faible connaissance des espèces à macérer, mais aussi et surtout la crainte de la toxicité de certaines feuilles en cas de macération ou à autres usages. De plus, selon 88 % de la population, le filtrat issu de la macération des feuilles laisse des dépôts lourds, difficiles à éliminer par les urines et pouvant entraîner des insuffisances rénales. Elle préfère donc faire bouillir les organes dans l'intention d'anéantir les toxines des plantes et de tuer les éventuels microbes. Toutefois, elle estime que le filtrat issu de la macération est plus efficace que le produit de la décoction. L'infusion est le

126

deuxième mode utilisé (36 %) des ménages. Elle consiste à verser l'eau bouillie sur les organes surtout sur les feuilles et les écorces. L'alcoolature est utilisée par (15 %) des ménages. Elle consiste à tremper les organes dans des boissons alcoolisées. La manducation est utilisée (15 %) des ménages. Elle consiste à mastiquer les feuilles, les racines et les branches. Ce mode est plus utilisé selon 98 % des populations par les phytothérapeutes, mais utilisé également par les ménages. C'est le cas de l'utilisation des cure-dents. La pulvérisation est pratiquée par (9 %) des ménages enquêtés. Elle consiste à calciner les organes de la plante puis à les rendre en poudre. Elle peut être consommée à l'eau, lapée ou scarifiée. La cuisson est pratiquée par (5 %) des ménages. Elle consiste à préparer les feuilles des organes sous forme de sauce légumes. La macération est la moins pratiquée (5 %) de la population. Elle consiste à triturer les feuilles à la main ou l'aide d'un mortier et à recueillir le filtrat. Selon 100 % des chefs ménages, les produits issus des forêts sacrées et communautaires contribuent à hauteur de 80 % au maintien en santé de leur ménage.

7.1.3. Mode d'administration

La méthode d'administration varie selon le mode de préparation (voie orale, bain de tête, scarification, cataplasme et gargarisme) (figure 62).

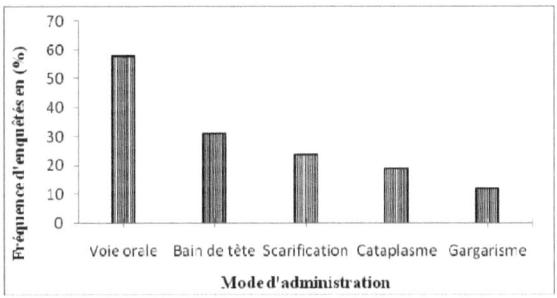

Figure 62 : Mode d'administration

De l'analyse de la figure 62, il ressort que la voie orale (58 %) constitue le mode d'administration le plus pratiqué, suivi du bain de tête (34 %), la scarification (24 %), le cataplasme (19 %) et le gargarisme (12 %).

7.1.4. Catégories d'usage selon les groupes socioculturels

La comparaison du nombre moyen d'espèces par catégorie d'usage entre les groupes socioculturels du secteur d'étude est traduite par la figue 63.

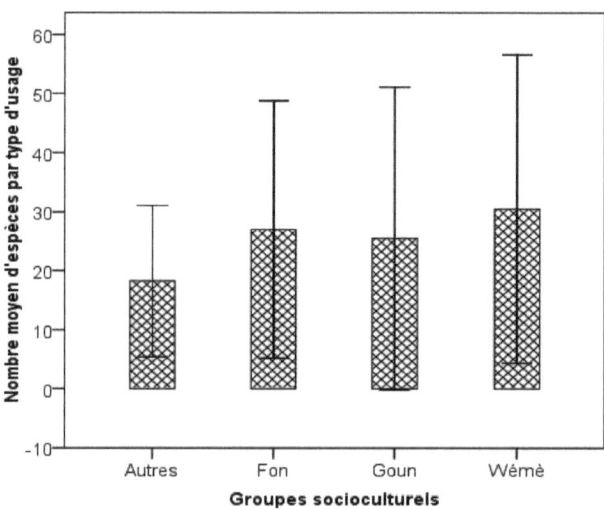

Figure 63 : Nombre moyen d'espèces par type d'usage selon les groupes socioculturels

L'analyse de la figure 63 montre que, le nombre d'espèces proposées par usages varie selon chaque groupe socioculturel. Ainsi, les groupes socioculturels minoritaires « Autres » utilisent le plus faible nombre d'espèces par usage soit 18 ± 12,82 espèces tandis que les Wémè utilisent le grand nombre d'espèces par type d'usage soit 30 ± 26,11 espèces. Quant aux Fon et Goun, ils utilisent respectivement 27 ± 21,77 espèces et 25 ± 25,63 espèces.

Les fortes valeurs des écarts - types révèlent la grande variabilité du nombre d'espèces par usage au sein de chaque groupe socioculturel.

Les résultats du test de Kruskal - Wallis montre qu'il n'y a pas une différence statistiquement significative entre le nombre moyen d'espèces par type d'usage et les groupes socioculturels ($x^2 = 0,688$; $ddl = 3$; $P = 0,876$).

7.1.5. Valeur d'usage des espèces végétales des forêts sacrées et communautaires

La valeur d'usage des espèces végétales des forêts sacrées et communautaires a permis d'évaluer l'importance de chaque espèce inventoriée (figure 64).

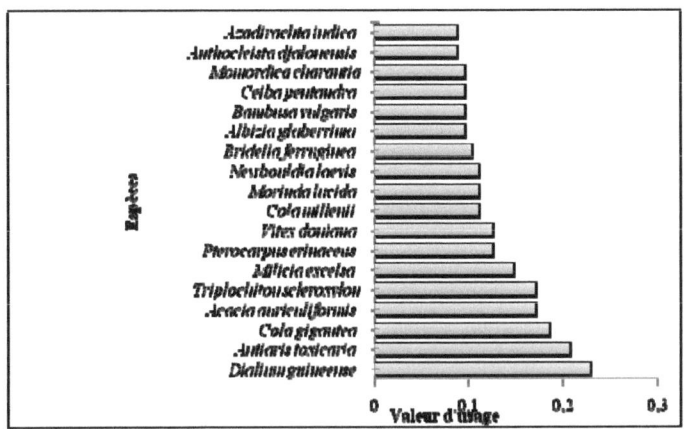

Figure 64 : Valeurs d'usages des espèces les plus utilisées par les populations

La figure 64 présente les espèces ayant une forte valeur d'usages. La valeur d'usage des espèces varie de 0,23 à 0,01. Parmi ces espèces, les plus utilisées sont : *Dialium guineense* (0,22), *Antiaris toxicaria* (0,20), *Cola gigantea* (0,19), *Acacia auriculiformis* (0,18), *Triplochiton scleroxylon* (0,17*)*.

7.1.5.1. Valeurs d'usage selon chaque groupe socioculturel

Parmi les 158 espèces végétales des forêts sacrées et communautaires, 31 sont utilisées par les quatre groupes socioculturels. Toutefois, la valeur d'utilisation des espèces varie selon chaque groupe socioculturel (Fon, Goun, Wémè et autres groupes socioculturels minoritaires) . Selon les Fons, les espèces ayant une grande valeur d'usage sont : *Antiaris toxicaria* (0,28), *Acacia auriculiformis* (0,23), *Bridelia ferruginea* (0,18), *Dialium guineense* (0,18), *Cola gigantea* (0,15), *Cola millenii* (0,15), pour les Gouns, les espèces ayant un grand usage sont : *Cola gigantea* (0,3), *Acacia auriculiformis* (0,25), *Antiaris toxicaria* (0,25), *Triplochiton scleroxylon* (0,15), les Wémè utilisent plus *Dialium guineense* (0,26), *Pterocarpus erinaceus* (0,22), *Milicia excelsa* (0,17), *Morinda lucida* (0,15) et les autres groupes socioculturels utilisent plus *Dialium guineense* (0,4), *Triplochiton scleroxylon* (0,3), *Antiaris toxicaria* (0,25), *Milicia excelsa* (0,25), *Albizia glaberrima* (0,2). La valeur d'usage a permis de constater que les espèces végétales ligneuses sont les plus utilisées par tous les groupes socioculturels. Les espèces les plus utilisées par les quatre groupes socioculturels sont : *Antiaris toxicaria, Acacia auriculiformis, Bridelia ferruginea, Dialium guineense, Cola gigantea, Cola millenii.* La forte utilisation de ces espèces s'explique, selon 97 % des répondants de l'enquête, par leur utilité dans le domaine de l'artisanat et construction. En effet, ces espèces ont un gros diamètre (100 à 120 cm en moyenne) ce qui permet de les mettre sous forme de madriers et de les utiliser pour fabriquer certains objets (tam-tams, pirogues, etc.) (Photos 10 et 11).

 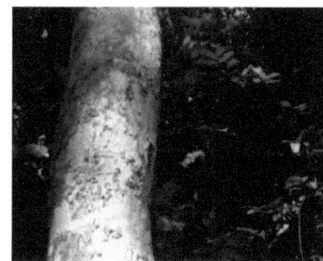

Photo 10 : Un pied de *Antiaris toxicaria* dans la forêt ''Oro'' à Atchabita
Prise de vue: ALI, novembre 2011

Photo 11 : *Dialium guineense dans la forêt* communautaire de Wansiclouzoun à Adjohoun
Prise de vue: ALI, novembre 2011

La photo 10 montre un pied de *Antiaris toxicaria* dans la forêt ''Oro'' à Atchabita, Commune de Adjohoun. Cette espèce est très utilisée par tous les groupes socioculturels de la basse vallée de l'Ouémé tant dans la médecine que dans l'artisanat et la construction. Le diamètre (100 cm à 120 cm en moyenne) de son tronc fait d'elle une espèce très convoitée.

La photo 11 montre un *Dialium guineense* dans la forêt communautaire de Wansiclouzoun dans la Commune de Adjohoun.

7.1.6. Produits issus de ces espèces

Plusieurs produits et objets sont fabriqués et tirés à partir des espèces végétales des forêts sacrées et communautaires (photos 12 et 13).

Photo 12 : Madriers de *Milicia excelsa* à Bonou
Prise de vue: ALI, novembre 2011

Photo 13 : Tam- tams et autres objets d'arts à Adjohoun
Prise de vue: ALI, novembre 2011

La photo 12 montre des madriers de l'espèce *Milicia excelsa*. L'espèce a été coupée dans une forêt sacrée de la Commune de Bonou, selon le propriétaire et ramenée dans un lieu de vente proche des habitations à Damè-Wogon.

La photo 13 montre des tam-tams et autres objets d'arts fabriqués à l'aide des espèces telles : *Ceiba pentandra, Berlinia grandiflora, Antiaris toxicaria, Cola millenii*, etc., et vendus aux autochtones, visiteurs, touristes etc.

7.1.7. Corrélation entre valeur d'usage et d'abondance des espèces

Le tableau XVII présente les coefficients de corrélation et les valeurs de probabilité des valeurs d'usages (UVs) et d'abondance (AVs) des espèces en fonction des groupes socioculturels.

Tableau XVII : Valeurs d'usages (UVs) et d'abondances (AVs) des espèces par groupes socioculturels : coefficient de corrélation (r) et valeurs de probabilités (*Prob.*)

Groupes socioculturels	UVs / AVs	
	r	*Prob.*
Autres	0,976	0,000
Fon	0,99	0,000
Goun	0,996	0,000
Wémè	0,991	0,000
Ensemble des groupes	0,996	0,000

Source : Résultat de terrain, 2012

De l'observation du tableau XVII, il ressort que les valeurs du coefficient de corrélation sont toutes positives avec r > 0,9 et restent hautement significatives au seuil de 5 %. Il existe donc une forte corrélation entre les valeurs d'usage et d'abondance des espèces au sein de chaque groupe socioculturel et sur l'ensemble des espèces inventoriées dans le secteur d'étude. Ce qui suggère que, les espèces les plus utilisées par les groupes socioculturels sont les espèces les plus abondantes dans les forêts sacrées et communautaires de la basse vallée de l'Ouémé.

7.2. Importance des forêts sacrées et communautaires pour la conservation de la biodiversité

Sur les 158 espèces recensées dans les forêts sacrées et communautaires de la basse vallée de l'Ouémé, 16 soit (10,12 %) sont sur la liste rouge de l'UICN (tableau XVIII).

Tableau XVIII : Liste des espèces rares au Bénin recensées dans les forêts sacrées et communautaires de la basse vallée de l'Ouémé

Espèces rares	Familles	Statut au Bénin			
		EN	EW	CR	VU
Monodora myristica	*Anonaceae*	1	-	-	-
Milicia excelsa	*Moraceae*	1	-	-	-
Zanthoxylum zanthoxyloïdes	*Rutaceae*	1	-	-	-
Madjidea forsteri	*Sapindaceae*	1	-	-	-
Maranthes robusta	*Chrysobalanaceae*	1	-	-	-
Mimusops andongensis	*Sapotaceae*	1	-	-	-
Triplochiton scleroxylon	*Sterculiaceae*	1	-	-	-
Sphenocentrum jollyanum	*Menispermaceae*	1	-	-	-
Tabernaemontana pachysiton	*Apocynaceae*	1	-	-	-
Pierrodendron kertinguii	*Simaroubaceae*	1	-	-	-
Strombosia pustulata	*Olacaceae*	1	-	-	-
Treculia africana	*Moraceae*	1	-	-	-
Caesalpinia bonduc	*Leguminosae*	-	1	-	-
Sphathandra blakeoides	*Melastomataceae*	-	-	1	-
Chrysophyllum albidum	*Sapotaceae*	-	-	-	1
Rauvolfia vomitoria	*Apocynaceae*	-	-	-	1
Total	**16**	**12**	**1**	**1**	**2**

Source: Enquête de Terrain et documentation, 2012

EW : Eteint à l'état sauvage ; **EN** : En danger ; **VU** : Vulnérable ; **CR** : Critique

Les forêts sacrées et communautaires continuent de résister à cause de la valeur médicinale de ces espèces végétales et aussi des pratiques endogènes qui se font à l'intérieur de ces forêts.

7.3. Pratiques endogènes

Les pratiques endogènes ont été analysées à partir du processus de sacralisation, des typologies des forêts et des règles de gestion. Une analyse croisée de la connaissance de certains sages du secteur d'étude a été ensuite menée.

7.3.1. Processus de sacralisation des forêts

Le processus de sacralisation des forêts varie selon la perception de chaque groupe socioculturel présent dans la basse vallée de l'Ouémé. Le test de corrélation réalisé entre les perceptions des groupes socioculturels et les modalités de sacralisation est représenté sur la figure 65.

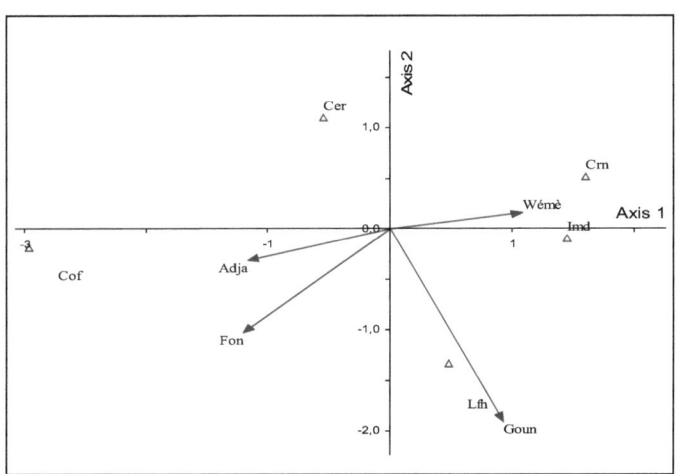

Figure 65 : Choix des forêts selon les ethnies

Lfh = Lié aux faits historiques, **Cof** = Consultation du fâ, **Imd** = Implantation d'une divinité, **Cn** = Conservation des ressources naturelles, **Cer** = Cérémonies rituelles

L'analyse de la figure 65 montre qu'il existe un lien étroit entre les modalités de choix de sacralisation des forêts et les groupes socioculturels. Les résultats du test de chi 2 montrent qu'il y a une différence significative entre les groupes socioculturels et les modes de sacralisation (P value < 0,05). Ainsi, selon les Wémènou, le choix des forêts serait lié à l'implantation d'une divinité et à la conservation des ressources naturelles. Selon les Wémènou, la sacralisation des forêts est faite dans le but de conserver les ressources naturelles ou pour y abriter une divinité. Par contre, selon les Adjas et les Fons, c'est après une consultation du ''Fâ'' que les forêts sont sacralisées. Le ''Fâ'' est le système géomantique qui sert dans toute l'aire de la religion vodoun (du Nigeria jusqu'au Ghana) comme « porte-parole » et « interprète » des Vodoun. Pour eux, avant de déclarer une forêt sacrée, il faut une consultation préalable du ''Fâ''. Quant aux Goun elle est due à un fait historique.

Toutes les trois ethnies partagent l'avis selon lequel les forêts sont sacralisées dans le but d'y opérer les cérémonies traditionnelles.

En effet, l'avis partagé montre qu'avant l'arrivée des religions étrangères, la population du secteur pratiquait une religion organisée autour du «Vodoun». Ainsi, les dignitaires de cette religion endogène, les sociétés secrètes et autres cercles initiatiques traditionnels ont choisi pour certaines de leurs activités ésotériques (c'est-à-dire les activités qui ne sont pas réservées

133

au grand public) des forêts qui deviendront à la longue des forêts sacrées. La thèse des wéménou énoncée plus haut, selon laquelle les forêts étaient déclarées sacrées dans le but, entre autre, de conserver les ressources naturelles se révèle également vraie. La sacralisation d'une forêt a toujours cette conséquence heureuse, c'est-à-dire la conservation des ressources naturelles.

Les forêts sacrées et communautaires de la basse vallée de l'Ouémé apparaissent comme des restes de sylves primitives (forêts reliques). Leur pérennité a été assurée par leur vocation religieuse, socioculturelle et socioéconomique

7.3.2. Rôle religieux des forêts sacrées

Des investigations effectuées sur le terrain, il ressort que toutes les forêts sacrées et communautaires du secteur d'étude relèvent d'une protection culturelle. Elles peuvent être plus ou moins étendues ou parfois sans couvert forestiers et ainsi réduites à l'une des espèces vénérées, tels le *Milicia excelsa, Ceiba pentandra*, etc. Sous les pieds de ces essences sont régulièrement déposées des offrandes diverses (pâte rouge, farine de maïs, huile de palme, poulets, etc.) en vue des sacrifices d'exorcisme ou pour implorer la bénédiction (Photo 14).

Photo 14 : Divinité Lègba sous un pied de *Newbouldia leavis* dans la forêt sacrée de Aizanzoun dans la Commune de Bonou
Prise de vue: ALI, décembre 2012

La photo 14 montre le fétiche Lègba sous un pied de *Newbouldia leavis* autour duquel sont attachés deux cabris offerts par un adepte en guise de remerciement suite à un bienfait.

Plusieurs divinités qui jouent diverses fonctions ont été identifiées dans les forêts (figure 66).

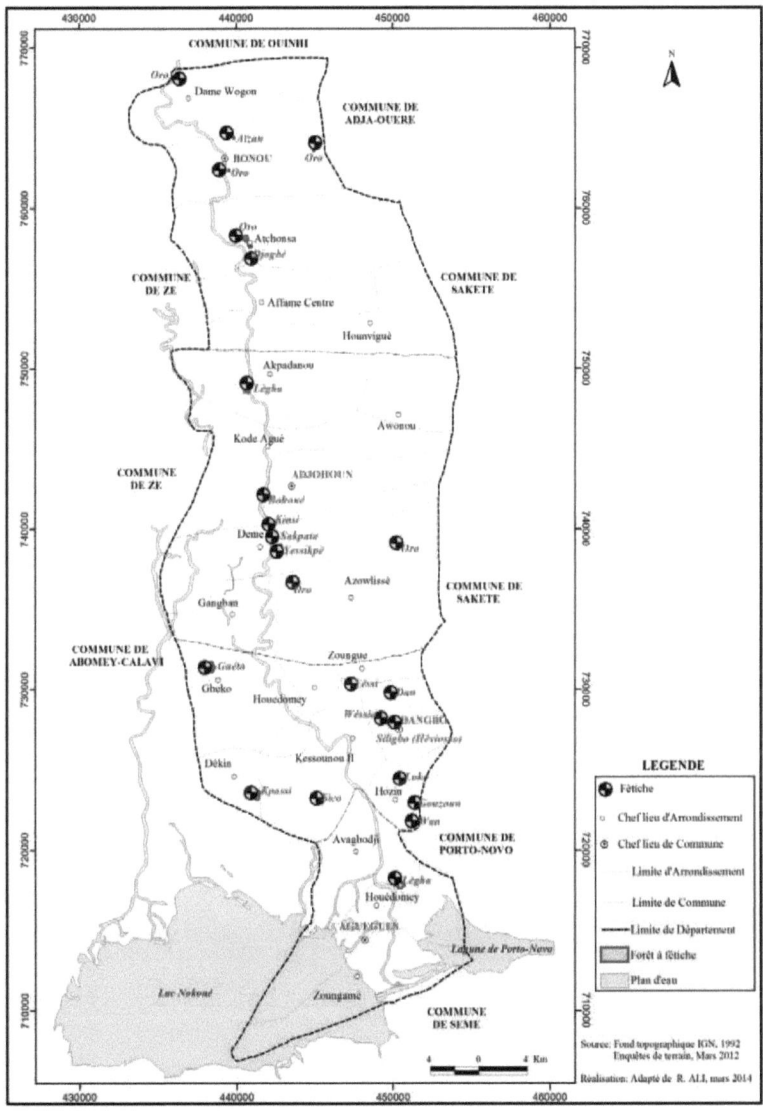

Figure 66 : Répartition des fétiches dans les forêts

De l'observation de la figure 66, il ressort que plusieurs variétés de fétiches ont été identifiées dans les forêts. Mais les plus importants sont :

- ''Gou'' qui est le dieu du fer, responsable de tout ce qui peut arriver de bien ou de mal lors de l'usage des objets métalliques, il intervient auprès de Dieu pour éviter les accidents, les blessures au cours des travaux champêtres ;
- ''Hêviosso'' le ''dieu tonnerre'' responsable de la pluie, des morts, des incendies par la foudre et autres dégâts liés aux précipitations ;
- ''Sakpata'' est le ''dieu de la terre'', il est considéré comme le responsable des maladies contagieuses en particulier la variole qui provoque les épidémies. L'utilisation d'huile de palme et l'élevage du porc sont interdits dans les forêts symbolisées par le fétiche ''Sakpata'' ainsi que par ces adeptes.
- 'Dan'' est le dieu de prospérité, de l'argent, il assure l'évolution des activités économiques, il procure de l'argent à ceux qui le vénèrent.
- ''Lègba'' fétiche installé à l'entrée des concessions intimement lié à la destinée de chaque individu ayant reçu le ''Fâ''.
- ''Oro'' symbolise l'ancêtre, il est le fétiche le plus respecté dans le secteur d'étude. Il est pratiqué par la plupart des Nagots et des Yoroubas résidents dans le secteur d'étude.

Ces fétiches à l'exception de ''Oro'' ont des représentations symboliques ou des temples dans les forêts. Ces symboles sont souvent en fer (Ogou), en terre pétrie portant parfois des cauris, un arbre au milieu de la forêt (Dan), une pierre déposée généralement au sommet d'une butte (Sakpata) (Planche 1).

Représentation du fétiche Lègba symbolisée en terre pétrie dans la forêt sacrée de Lassozoun dans la Commune de Adjohoun.

Représentation symbolique des fétiches ''Dan'', ''Gou'' dans la forêt sacrée de Kpikpomanhougnoho dans la commune de Dangbo.

136

| Case du fétiche "Dan" dans la forêt sacrée de Dantinzoun dans la Commune de Dangbo. | *Milicia excelsa* symbolisant le fétiche "Dan" dans la forêt sacrée de Bohouézoun dans la Commune de Adjohoun |

Planche 1 : Représentation symbolique des fétiches dans les forêts sacrées de la basse vallée de l'Ouémé.
Prise de vue : Odjoubéré, décembre 2012

Ces endroits sont, pour les initiés, les lieux de communication avec les forces invisibles qui gouvernent ce monde.

7.3.3. Mode de conservation des forêts

Cent pour cent (100 %) des dignitaires, ont manifesté le désir de garder pérennes les réserves biologiques, il est évident que ceci ne peut être qu'une préoccupation assez récente; les raisons fondamentales de la conservation de ces forêts demeurent la présence des espèces médicinales et des diverses divinités dans les forêts. En effet, selon les croyances locales, les divinités jouent un rôle important dans la protection de leurs adeptes, et leur rendent également divers services. Ceci explique l'attachement des populations locales aux endroits consacrés au culte de ces dieux. Les garants de ces forêts sacrées et communautaires sont les rois, les reines, les chefs féticheurs, les chefs de terres, les chefs coutumiers et les notables. Autour de ces personnalités qui sont les premiers responsables, se trouvent des collaborateurs qui jouent chacun un rôle bien déterminé dans les cérémonies religieuses et de gardiennage.

Les pratiques endogènes dans les forêts sacrées et communautaires de la basse vallée de l'Ouémé se fondent alors sur le sacré, les interdits et des contrôles collectifs.

Le respect des interdits dans le passé est confirmé par les informations recueillies auprès de 100 % des sages (encadré 1).

Encadré 1: Déclaration d'un sage élu local quant au respect des interdits dans le passé.

Aujourd'hui, personne ne respecte plus les interdits. Alors que dans les temps anciens (avant l'année 1972), les interdits étaient beaucoup plus respectés. Dans les forêts sacrées, on ne prélevait rien du tout et on ne pouvait même pas passer à côté de certaines forêts à cause de la présence des esprits maléfiques à certaines heures. Le non- respect de ces règles a parfois des conséquences graves sur la vie des populations. Dans certains villages on pouvait assister à des inondations ou sécheresses prolongées, les mauvaises récoltes, les épidémies. Au niveau individuel on peut assister à des cas de stérilités, la folie voire la mort selon la gravité de la faute. Des offrandes sont faites par les coupables en guise de purification dans la forêt par le prêtre.

Ces propos s'inscrivent en réalité dans le cadre global du débat «tradition et modernité» largement discuté dans le domaine des sciences sociales et humaines. Cette situation, née du contact du pays avec les missionnaires puis les colons européens, demeure aujourd'hui encore très actuelle, et provoque un grand nombre de bouleversements sociaux et de conflits intergénérationnels voire interreligieux – notamment entre chrétiens et adeptes de la religion vodoun.

Il se dégage alors une approche traditionnelle, culturelle et religieuse de conservation et de gestion des ressources naturelles au niveau des populations basées exclusivement sur le respect du sacré et des sociétés secrètes.

Les espèces végétales des forêts sacrées et communautaires sont très utilisées par la population. Elles abritent plusieurs divinités qui constituent aujourd'hui un gage pour la pérennisation et la sauvegarde de ces forêts.

CHAPITRE VIII : POUR UNE DURABILITÉ DES FORÊTS SACRÉES ET COMMUNAUTAIRES DE LA BASSE VALLÉE DE L'OUEME

Pour freiner la dégradation accélérée des forêts sacrées et communautaires, des suggestions ont été formulées avec la participation des populations locales notamment les dignitaires, les responsables religieux, les tradipraticiens et les autorités politico-administratives (élus locaux et communaux, responsables des eaux et forêts, responsables de l'ONG Nature tropicale et du CIPCRE, etc.).

En effet, dans le contexte actuel, il est clair et compris de tout le monde que la gestion et la conservation efficaces des forêts ne peuvent être possibles que dans une approche participative à l'échelle locale, étant donné que les facteurs directs de dégradation des forêts sacrées et communautaires sont locaux et touchent plusieurs secteurs d'activités. Il est alors nécessaire, d'envisager une nouvelle approche de gestion de ces forêts, à travers une analyse des résultats à partir du modèle d'analyse SWOT.

8.1. Modèle d'analyse des résultats à l'aide de SWOT

Le modèle Forces, Faiblesses, Opportunités et Menaces (SWOT) (figure 67) a permis d'analyser les résultats obtenus lors des travaux de recherche, étant donné qu'aucune donnée fiable n'est disponible au niveau de l'administration publique, ce modèle a servi à faire des propositions de conservation et de sauvegarde des forêts sacrées et communautaires.

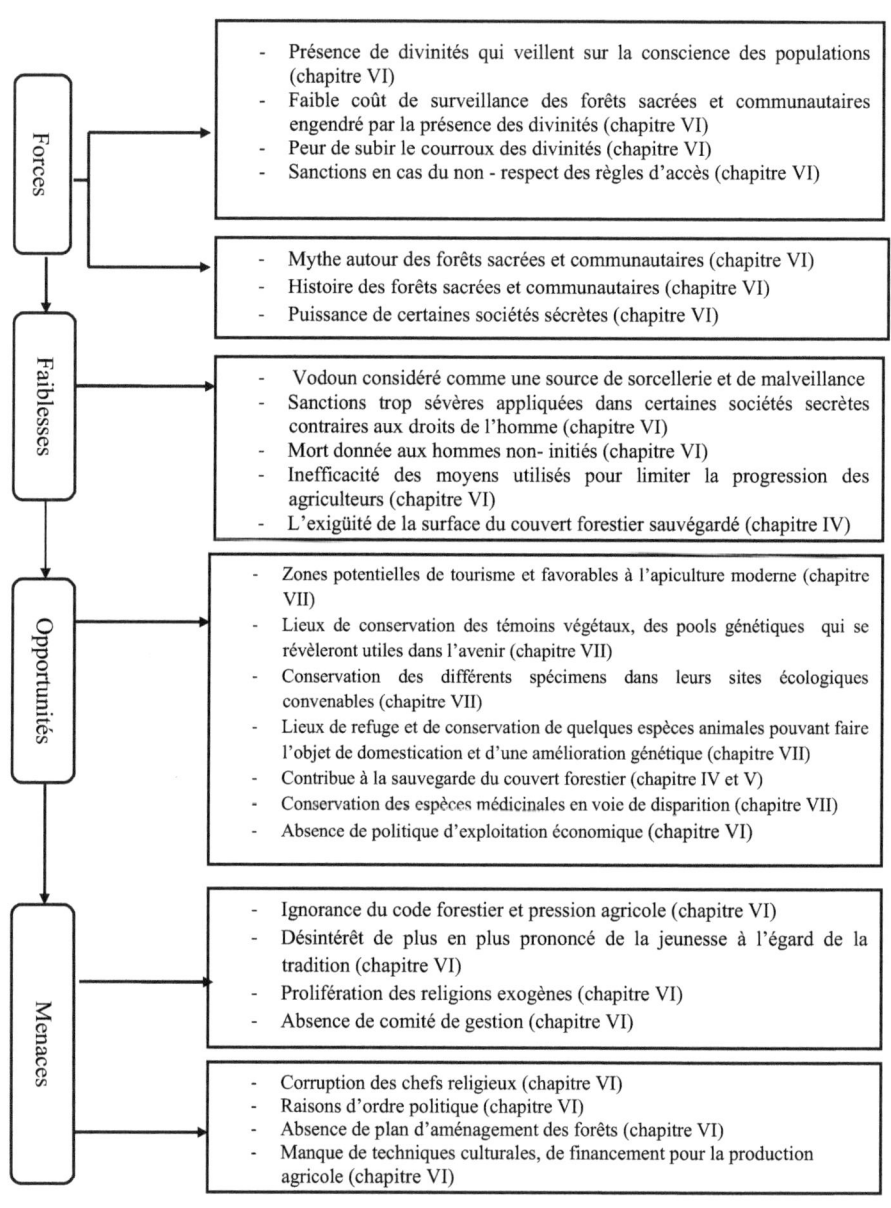

Forces
- Présence de divinités qui veillent sur la conscience des populations (chapitre VI)
- Faible coût de surveillance des forêts sacrées et communautaires engendré par la présence des divinités (chapitre VI)
- Peur de subir le courroux des divinités (chapitre VI)
- Sanctions en cas du non - respect des règles d'accès (chapitre VI)

- Mythe autour des forêts sacrées et communautaires (chapitre VI)
- Histoire des forêts sacrées et communautaires (chapitre VI)
- Puissance de certaines sociétés sécrètes (chapitre VI)

Faiblesses
- Vodoun considéré comme une source de sorcellerie et de malveillance
- Sanctions trop sévères appliquées dans certaines sociétés secrètes contraires aux droits de l'homme (chapitre VI)
- Mort donnée aux hommes non- initiés (chapitre VI)
- Inefficacité des moyens utilisés pour limiter la progression des agriculteurs (chapitre VI)
- L'exigüité de la surface du couvert forestier sauvégardé (chapitre IV)

Opportunités
- Zones potentielles de tourisme et favorables à l'apiculture moderne (chapitre VII)
- Lieux de conservation des témoins végétaux, des pools génétiques qui se révèleront utiles dans l'avenir (chapitre VII)
- Conservation des différents spécimens dans leurs sites écologiques convenables (chapitre VII)
- Lieux de refuge et de conservation de quelques espèces animales pouvant faire l'objet de domestication et d'une amélioration génétique (chapitre VII)
- Contribue à la sauvegarde du couvert forestier (chapitre IV et V)
- Conservation des espèces médicinales en voie de disparition (chapitre VII)
- Absence de politique d'exploitation économique (chapitre VI)

Menaces
- Ignorance du code forestier et pression agricole (chapitre VI)
- Désintérêt de plus en plus prononcé de la jeunesse à l'égard de la tradition (chapitre VI)
- Prolifération des religions exogènes (chapitre VI)
- Absence de comité de gestion (chapitre VI)

- Corruption des chefs religieux (chapitre VI)
- Raisons d'ordre politique (chapitre VI)
- Absence de plan d'aménagement des forêts (chapitre VI)
- Manque de techniques culturales, de financement pour la production agricole (chapitre VI)

Figure 67 : Modèle d'analyse des résultats à l'aide de SWOT

140

De l'analyse de SWOT, il convient de s'appuyer sur les faiblesses qui menacent la sauvegarde des forêts sacrées et communautaires pour faire des propositions objectives de conservation de ces forêts.

8.2. Proposition de stratégies pour la conservation des forêts sacrées et communautaires

8.2.1. Vulgarisation du code de 1993 et de la législation forestière, un atout pour la conservation des forêts sacrées et communautaires

Dans le secteur d'étude, 98 % des personnes interrogées ignorent le code forestier et agit en toute méconnaissance du règlement portant régime des forêts. C'est pourquoi, il est indispensable de familiariser les gens avec le contenu de la loi n° 93- 009 du 2 juillet 1993 portant Régime des forêts en République du Bénin et on ne doit pas se lasser de rappeler l'intérêt de la protection de la biodiversité et du respect de cette législation.

En exemple, on peut citer dans ladite loi , le chapitre 3, section 1 article 23: « les droits d'usage sont ceux par lesquels des personnes physiques ou morales jouissent à titre temporaire ou définitif des produits de la forêt en vue de satisfaire un besoin individuel ou collectif et l'article suivant précise la nature de ces droits qui portent sur l'exploitation du sol forestier, les fruits, les produits de la forêt naturelle, ceux à caractère commercial, scientifique ou médicinal pour lesquels un permis d'exploitation précis est délivré.».

Quant aux pénalités, on peut lire dans le chapitre 4, article 88: « quiconque aura coupé ou enlevé des arbres, les aura mutilés, ébranchés, écorcés, incinérés abusivement ou exploités des produits forestiers accessoires, sans y avoir été autorisé et sans jouir du droit d'usage, est puni d'une amende de 5 000 à 50.000 F et d'un emprisonnement de 6 à 15 mois ou de l'une de ces deux peines seulement » et à l'article 94: « quiconque aura par imprudence, négligence, inattention causé un feu de végétation ou un incendie de plantation sera puni d'une amende de 50 000 à 500 000 F et d'un emprisonnement de 3 mois à 3 ans ou de l'une de ces peines seulement.».

Mais, l'efficacité des lois modernes sur l'environnement est, dans une large mesure, fonction d'une législation et d'une administration sectorielles rationnelles, applicables à des ressources prises dans des cadres traditionnels comme l'aménagement des terres, la législation des eaux et forêts, la législation de la pêche ou de la faune sauvage.

Il faut espérer que l'égoïsme et le laxisme cèdent la place à un nouveau sens de responsabilité. L'homme doit écarter définitivement deux mythes: celui de la richesse inépuisable de la nature et celui de sa faculté illimitée de régénération. Les textes doivent être traduit dans les langues locales étant donné que 90 % de la population impliquée dans l'exploitation des ressources des forêts sacrées et communautaires est analphabète.

8.2.2. Promotion de l'écotourisme, une activité génératrice de revenus

Les forêts sacrées et communautaires pourraient bénéficier à moyen ou long termes d'un aménagement écotouristique. Cela permettra non seulement de rentabiliser ces forêts mais aussi de les valoriser.

Ce type d'aménagement est déjà entrepris par l'ONG CIPCRE dans les forêts sacrées de Gnahouizoun dans la Commune de Bonou, de Kodjizoun dans la Commune des Aguégués. D'autres ONG comme «Nature Tropicale» interviennent aussi dans le secteur, sutout dans la conservation des espèces animales et végétales de la forêt sacrée de Bamèzoun, du temple Sôholou dans les Aguégués, du temple du vodoun Avi dans la Commune de Bonou. Il faudra appuyer financièrement ces ONG et encourager d'autres à entreprendre des actions similaires. Ces ONG pourront créer à l'intérieur de ces forêts un circuit touristique, des panneaux d'instructions sur les règles de bon comportement à adopter à l'intérieur des forêts sacrées et communautaires, organiser en collaboration avec les chefs traditionnels des fêtes annuelles afin de valoriser ces forêts, aménager des aires de repos pour faciliter le bon déroulement des cérémonies.

8.2.3. Rôle de l'État central et des collectivités locales

L'état doit continuer son action d'intégration des forêts sacrées en patrimoine national. En effet, en 2010, l'administration forestière, appuyé par le PNUD, a initié le projet d'intégration des forêts sacrées en patrimoine culturel. Malheureusement, ce projet n'a pris en compte que quelques échantillons de forêts sacrées. A l'avenir, toutes les forêts sacrées et communautaires devraient être prises en compte. Les services techniques des mairies de la basse vallée de l'Ouémé, appuyés par l'administration forestière, sur la base de cette étude doivent dès lors, prendre désormais en compte les superficies de ces forêts dans les statistiques des aires protégées de leur commune respective, initier des séances de sensibilisation avec les chefs traditionnels en vue d'entamer des actions de reboisement et de conservation des espèces telles: *Milicia excelsa, Ceiba pentandra, Antiaris toxicaria, Dialium guineense, Adansonia digitata, Cola gigantea, Manilkara multinervis* etc. Cela permettra non seulement aux initiés de mieux communiquer avec les esprits mais aussi et surtout d'augmenter la valeur nutritionnelle et médicinale des populations. Ils doivent aussi penser à prévoir une clôture autour du noyau, reboiser les abords des forêts sacrées et communautaires de Vazoun, Kpinkonzoun, Hlèzoun, Guétozoun, Kpassizoun, Siligbozoun, Danvazoun, Gnizoun, Silicozoun, Gnahouizoun, Djogbezoun, Gbevozoun, Bamèzoun et Kodjizoun sur une bande de vingt à trente mètres (20 m) au moins avec des plants d'espèces végétales telles que *Acacia auriculiformis* , *Leucena leucocephala, Moringa oleifera* pendant les campagnes de reboisement. Il s'agit d'espèces se trouvant déjà dans la zone ou adaptées aux conditions d'inondation saisonnière. Ces espèces sont à usage multiple et peuvent être utilisées comme bois de chauffe (*Acacia auriculiformis*), alimentation pour le bétail (*Leucaena leucocephala, Moringa oleifera*) ou pour la production de produits forestiers non ligneux (*Elaeis guineensis, Leucaena leucocephala*). Cette bande permettra de freiner la politique de conquête de terres cultivables observées chez les paysans riverains. Elle pourra aussi faire l'objet d'une exploitation économique par les villageois qui verront leurs droits de propriété confirmés. L'attention a été focalisée sur les forêts sus-dessus citées parce qu'elles sont pour le moment les seules à disposer encore d'une superficie plus ou moins élevée. Tout ceci suppose un coût, d'où la nécessité d'initier des micros-projets pour la revalorisation du patrimoine culturel que constituent les forêts sacrées et communautaires. Il serait nécessaire que les autorités des quatre communes concernées procèdent au renforcement des compétences pour l'encadrement des activités sur le terrain. Mais au préalable, il va falloir que les agents des Eaux et Forêts et les CST soient formés par les experts sur les techniques d'IEC qui intègrent les pesanteurs culturelles et intérêts stratégiques des usagers des forêts sacrées et communautaires. A leur tour, les CST se chargeront de l'encadrement des populations riveraines des forêts sacrées et communautaires sur les activités proposées et de la sensibilisation des populations locales. Par ailleurs, il est souhaitable que soient formés par les CST des éco-gardes qui se chargeront d'assurer le suivi de la faune sauvage et de la flore des forêts pionnière. Les autorités communales doivent désormais intégrer dans leur Budget annuel, ce volet de sensibilisation et de formation des CST et des dignitaires de ces forêts, s'intéresser davantage aux forêts sacrées et communautaires à travers le recensement des dignitaires de ces forêts en vue d'une gestion efficiente.

8.2.4. Nouvelle approche de gestion

Les autorités politico-administratives doivent fusionner l'approche traditionnelle avec l'approche moderne pour en créer une approche synergétique. Cette nouvelle approche devra associer les scientifiques, les institutions politiques, les partenaires au développement et les communautés traditionnelles. L'amélioration des approches traditionnelles de la conservation pourrait se faire en associant les chefs féticheurs à la gestion des ressources forestières pour qu'ils puissent installer dans la plupart des forêts les vodouns les plus craints, tels que le "Oro" et le "Sakpata". En l'absence d'une force surnaturelle, les populations seront toujours tentées d'utiliser les ressources forestières. Cette nouvelle approche vaut bien le coup d'être expérimentée par les autorités locales.

8.2.5. Rôle des autorités religieuses

Les canaux les plus efficaces pour la sauvegarde des forêts sacrées et communautaires sont les canaux religieux. En effet, le désintéressement des jeunes vis- à-vis de la tradition est au moins en partie, stimulé par certains chefs religieux qui animent les églises. C'est pourquoi ils doivent participer à la sensibilisation des fidèles à la bonne gestion des ressources forestières. Dans ce cadre, des passages des écritures saintes doivent être utilisés, comme par exemple la révélation 11:18 de la Bible qui dit que « Dieu promet de saccager ceux qui saccageront la terre » et bien d'autres versets bibliques. Dans cette lutte, les pasteurs surtout doivent s'impliquer ou être impliqués.

8.2.6 Gestion des conflits

Les enquêtes de terrain ont permis de constater que 94 % des forêts sacrées et communautaires sont confrontées à un problème de conflits. Ces conflits dont fait objet ces forêts sont à la base de leur imminente disparition. Ils éclatent souvent au sein des populations riveraines ou de la famille à laquelle appartiennent les dieux de la forêt. Par exemple, un hameau peut contester l'appartenance historique d'une forêt sacrée aux propriétaires légaux, ou encore les membres d'une famille responsable d'une forêt peuvent se disputer la terre, une partie peut vouloir la raser pour en faire un champ, l'autre peut vouloir la garder pour protéger les dieux de la forêt. Il est indispensable et opportun de doter les forêts sacrées et communautaires d'un titre de propriété. L'État doit ériger les forêts sacrées et communautaires au rang de domaine public et racheter ces terres aux dignitaires et conserver le mode de gestion endogène.

8.2.7. Lutte contre le manque ou la pénurie des terres de culture face à l'accroissement démographique

La solution préconisée est d'adopter une nouvelle réforme agricole consensuelle. Cette réforme permettra aux agriculteurs d'installer leurs cultures loin des forêts sacrées et communautaires. Ce système a pour avantage de réduire la perte ou le grignotage de superficie observée à la lisière des forêts sacrées et communautaires.

8.2.8. Appui et encadrement techniques des ruraux

Il faut venir en aide financièrement au monde rural en créant là où elles n'existent pas encore des caisses de crédits agricoles et rendre plus opérationnelles celles qui existent déjà sur le terrain. Il faut les former, les encadrer à avoir de meilleurs rendements agricoles, cela participe à la réduction de la pauvreté qui les obligeait à abattre les arbres des forêts sacrées et communautaires pour vendre.

La pauvreté est un facteur déterminant qui contraint nombre de personnes à rechercher la survie dans la vente de bois de feu, d'œuvre, de service, d'Acadja. Ils obtiennent ces produits par des méthodes nuisibles à la végétation. L'utilisation domestique du bois de feu constitue également un facteur non négligeable.

C'est pourquoi l'amélioration des conditions de vie s'avère indispensable en vue de freiner l'exploitation du bois et la pression exercée sur les groupes de forêts. Les agents du Développement Rural doivent initier des séminaires de formation sur les nouvelles techniques culturales pour les dignitaires qui le désirent. Cette formation permettra à certains dignitaires de devenir des agriculteurs modernes et d'avoir un emploi pérenne et autonome.

8.2.9. Promotion de l'apiculture moderne

Dans la plupart des forêts sacrées et communautaires étudiées, il a été identifié sur les espèces végétales de ces forêts des essaims d'abeilles. Ce constat est un atout favorable pour le développement d'apiculture moderne. Des actions pilotes dans ce domaine peuvent être menées dans les zones favorables et avec les dignitaires des forêts où les conditions écofloristiques paraissent plus favorables à la production du miel. Toutefois, il convient de souligner que cette apiculture doit être développée à la périphérie des forêts sacrées et communautaires afin d'éviter d'éventuels conflits entre le vodoun et les abeilles.

8.2.10. Activités à développer pour assurer aux populations des revenus complémentaires

L'introduction de certaines activités dans les terroirs villageois a pour objectif de compenser les privations faites aux populations, et pourra se résumer comme suit:

- ramassage du bois mort sous contrôle d'une association (existante) qui sera renforcée pour la surveillance des activités vis-à-vis de la forêt;
- subvention du compostage (à base de la jacinthe d'eau, des lianes tueuses ou de *Chromolaena odorata* se trouvant déjà dans la localité et qui constituent des plantes

envahissantes) ou bien approvisionnement en compost des maraîchers traditionnels en vue de limiter le ramassage du sol humifère observé dans certaines forêts sacrées (Bamèzoun, Bohoézoun, Kinkponzoun, etc.).

- attribution de microcrédits aux populations sous contrôle d'une ONG pour renforcer les activités de transformation, l'organisation des cultures de contre saison (manioc, tomate, piment) déjà pratiquées dans les zones de retrait d'eau et pour l'élevage des ruminants et de petits gibiers (aulacodiculture).

En somme, les stratégies proposées sont adaptables à toutes les forêts sacrées et communautaires, quelle qu'en soit la superficie.

CHAPITRE IX : DISCUSSIONS DES RÉSULTATS

Les résultats de la présente étude sont discutés selon les différentes hypothèses définies afin de les confirmer ou de les infirmer. La discussion est axée sur l'identification des forêts sacrées et communautaires, les paramètres écologiques et dendrométriques, l'identification des indicateurs de menace et de pression et l'évaluation des valeurs socioculturelles et économiques des espèces végétales des forêts sacrées et communautaires.

9.1. Identification des forêts

En rappel, l'identification du nombre de forêts sacrées et communautaires a été faite selon la méthode d'échantillonnage «boule de neige». Elle a permis de recenser 35 forêts sacrées et communautaires, réparties sur une superficie de 124,87 ha. Parmi ces forêts, 8, soit 23 %, sont des forêts communautaires et 27 sont des forêts sacrées. Les forêts sacrées sont subdivisées en 2 catégories (forêts fétiches et forêts de sociétés secrètes). On a dénombré 20 forêts fétiches et 7 forêts de sociétés secrètes. Cette nuance a été faite au niveau des forêts sacrées afin d'évaluer dans un premier temps l'importance de la représentation physique de certains fétiches dans les forêts et dans un second temps savoir laquelle de ces trois types de forêts joue un rôle déterminant dans la conservation de la diversité floristique. Cette subdivision des forêts sacrées a été déjà faite par plusieurs autres chercheurs dans bien d'autres études, tant en sciences environnementales que sociales. Hamberger (2008), dans son étude sur les sites sacrés naturels au Sud-est du Togo, a utilisé cette subdivision pour le cadre social des forêts sacrées, leur gestion, leur fonction dans le système religieux, et leur potentiel en tant que réservoirs de la biodiversité. Une étude similaire a été réalisée par Sagbo (2012), dans les reliques forestières du Bénin. Mais, ce dernier s'est intéressé au volet mystique de ces fétiches qui ont souvent des représentations au sein des forêts, et leur impact sur le développement socio-économique du pays. Pour Sokpon et Agbo (1999), les forêts sacrées peuvent être classées en forêts fétiches, en forêts communautaires et forêts-cimetières. Cette étude a distingué les forêts sacrées des forêts communautaires. Il a été observé une prédominance des forêts fétiches (57 %) dans la basse vallée de l'Ouémé. C'est dire que la population de la basse vallée de l'Ouémé préfère voir le dieu avant de croire. Ce constat dépend aussi du dieu qui incarne cette forêt, car, certains dieux ont, depuis leur existence, des représentations dans les lieux à eux réservés. Le nombre de forêts sacrées et communautaires varie d'une commune à une autre. Cette étude a permis d'actualiser le répertoire des forêts sacrées configuré au niveau des mairies. 15 forêts sacrées et communautaires ont été identifiées dans la Commune de Dangbo, 10 dans celle de Adjohoun, 8 dans la Commune de Bonou et 2 dans celle des

147

Aguégués. Ces chiffres actuels obtenus infirment ceux de (Agbo et Sokpon, 1999) qui ont dénombré dans la Sous-préfecture de Adjohoun 45 forêts sacrées. Cet écart entre les chiffres pourrait être dû soit aux pressions anthropiques de plus en plus accentuées ces dernières années, soit lié à l'approche méthodologique utilisée par ces auteurs dans l'identification de ces forêts. La présente étude ne s'est pas basée uniquement sur la documentation, ni sur les témoignages des personnes âgées vivant dans le secteur d'étude, mais plutôt sur la technique d'échantillonnage « boule de neige ». Le même constat est fait dans les documents consultés à la mairie de Dangbo où 15 forêts sacrées ont été dénombrées en 2005 dans la commune. Mais, cette étude en a dénombrée 17 en 2012 et constate que certaines forêts sacrées ont été citées dans ces documents comme forêts existantes mais qui ont déjà disparu et ne devraient plus figurer dans la liste des forêts sacrées de cette commune. C'est le cas des forêts sacrées de Ahouingnanzoun dans l'arrondissement de Zounguè et celle de Akpamè 2 qui ont disparu et la première a été remplacée par une église des Chérubins-Séraphins et le second par des habitations. Dans le même temps, d'autres forêts sacrées et communautaires n'ont pas été prises en compte dans ces documents mais ont été inventoriées lors des enquêtes de terrain en 2012. Selon Allagbé (2014), on dénombre dans la Commune de Adjohoun 13 forêts sacrées et communautaires. Cette étude a également dénombré 13 dont 2 déjà disparues. Les résultats de ces études récentes concordent avec ceux de la présente étude et confirment la nécessité d'actualisation de ces documents. Il paraît donc indispensable d'étendre cet objectif afin d'actualiser le répertoire de toutes les forêts sacrées et communautaires du Bénin. Pour étudier l'état de la flore de ces forêts, des relevés floristiques ont été effectués dans chaque type de forêt.

9.2. Analyse des paramètres écologiques

L'analyse de la composition floristique, telle que présentée dans cette étude consiste à évaluer les paramètres écologiques des groupes de forêts fétiches, des forêts de société secrètes et des forêts communautaires.

9.2.1. Diversité spécifique des groupes de forêts

La diversité spécifique varie d'une forêt à une autre. La structure verticale des forêts sacrées et communautaires de la basse vallée de l'Ouémé est très ouverte dans les strates inférieures. Environ 85 % de leur flore se trouvent dans les strates supérieures. La strate 7 à 15 m a tendance à constituer une voûte, de laquelle émergent ou non de grands arbres. Ce constat est contraire à celui fait par Kokou *et al.* 2000, dans les îlots forestiers du sud Togo dans lesquels les strates supérieures des groupes sont pauvres et très ouvertes. Pour ces auteurs, 90 % de la flore de ces forêts se trouvent dans les strates inférieures. Mais, ces résultats peuvent s'expliquer par la situation géographique des îlots étudiés. La plupart des forêts étudiées sont situées non loin des habitations et, de ce fait, subissent une forte pression de la part des populations riveraines. Elles servent souvent de zone de culture pour la population, raison pour lesquelles les jeunes pousses des espèces végétales sont presque inexistantes.

L'étude de la composition floristique d'une forêt donne une idée sur la diversité spécifique de cette forêt et l'ensemble des espèces végétales qui la constituent. La composition floristique varie d'une forêt à une autre et d'une région à une autre. Devineau (1984) souligne que la présence d'une espèce dans un environnement donné dépend de son affinité avec les conditions mésologiques existantes, de sa capacité de résistance à la concurrence des autres espèces et, évidemment, de la possibilité qu'ont les diaspores d'atteindre le site. La richesse spécifique et la diversité des forêts étudiées varient d'une forêt à une autre. Mais, dans l'ensemble, elles sont faibles lorsqu'on s'éloigne du noyau intégralement protégé. Ce constat est normal pour cette étude, étant donné que c'est dans le noyau que se trouve le fétiche ou la divinité protectrice de la forêt. On dira plutôt ici qu'au fur et à mesure qu'on s'éloigne du fétiche ou de la divinité, la composition floristique diminue. Sur le plan socio-anthropologique, c'est dans le noyau protégé que se pratique les rites interdits aux non initiés. Adjossou (2004), Adomou (2005) et Tenté (2005) soutiennent également l'assertion d'une augmentation progressive de la diversité au fur et à mesure de l'immigration ou de l'installation des espèces jusqu'à saturation de la niche écologique, suivie ensuite d'une diminution lorsque la structure définitive de la communauté se met en place.

Les groupes de forêts obtenus ont été déjà décrits par d'autres travaux phyto-écologiques ou phytosociologiques dans la sous – région. Au Bénin, le groupe de forêt à *Dialium guineense* et *Triplochiton scleroxylon* est signalé par (Sokpon, 1995). De même, le groupe à *Triplochiton scleroxylon* et *Zanthoxylum leprieurii* est signalé par (Sokpon et Ago, 2001) dans les forêts denses semi-décidues du plateau de Adja. Aussi, le groupe à *Celtis zenkeri* et *Trichilia prieureana* est signalé par (Bété et Toko, 2011) dans les forêts sacrées du sud Bénin.

Les valeurs de l'indice de diversité de Shannon enregistrées dans les forêts fétiches, forêts de sociétés secrètes et forêts communautaires de la basse vallée de l'Ouémé sont élevées. Ces résultats obtenus se trouvent dans les mêmes ordres que ceux obtenus par (Sokpon et Ago, 2001) dans les forêts denses semi-décidues du plateau de Adja. Pour ces auteurs, les forêts sacrées du plateau Adja ont atteint un niveau de maturité acceptable. Ce qui se traduit par leurs valeurs de diversité de Shannon élevées dans l'ensemble des forêts. Par contre, ces valeurs sont supérieures à celles obtenus par Kokou et Kokutse (2006), dans les forêts sacrées littorales du Togo, Juhé-Beaulaton (2006), dans les bois sacrés du Bénin, Burkina Faso et Togo, Sinandouwirou (1997), dans les forêts sacrées du département de l'Ouémé, Ali (2011), dans les forêts sacrées de la Commune de Dangbo et Aïkpé (2010) dans la forêt sacrée de Kinkponzoumè. Tous ces auteurs ont utilisé la même méthode sigmatiste de Braun-Blanquet (1932) basée sur le principe de présence-absence utilisé dans cette étude. Ces valeurs élevées de l'indice de diversité de Shannon montrent que la diversité de ces forêts, qu'elles soient fétiches, société secrètes et communautaires, est élevée, ce qui suppose que les espèces tendent vers l'équiprobabilité et que les groupes de forêts sont favorables pour l'installation de nombreuses espèces, cas des stations isotropes.

Ces observations sur la richesse spécifique et l'indice de diversité de Shannon ne renseignent pas sur l'abondance des espèces dans les peuplements, d'où l'intérêt du calcul de l'équitabilité de Pielou. Dans l'ensemble, les valeurs de l'équitabilité de Pielou sont fortes (0,76, 0,75 et 0,78) respectivement dans les forêts communautaires, les forêts fétiches et les forêts de sociétés secrètes. Selon Sinsin, cité par Tenté (2005), une forte valeur de l'équitabilité traduit une régulière distribution des individus entre les espèces. Ces valeurs fortes sont contraires à celles obtenues par Gbaguidi (1998) dans les forêts sacrées du département de l'Ouémé, Tchamié (2000), dans les bois sacrés des massifs Kabyè et environnants au Nord-Est du Togo, Pérézi (2002), dans les forêts sacrées du Nord-Togo et Bété et Toko (2011), dans les forêts sacrées du Sud-Bénin. Pour Devineau *et al.* (1984), une faible valeur de l'équitabilité traduit une répartition très irrégulière des effectifs entre espèces et souligne des phénomènes de forte dominance à cause des espèces caractéristiques qui ont concentré entre elles seules le maximum des individus. Mais, ces valeurs élevées de l'équitabilité de Pielou sont conformes à celles obtenues par Gbinlo (2009) dans les forêts sacrées de la Commune de Djidja au Sud-Bénin, Aïkpé (2010) dans la forêt sacrée de Kinkponzoumè.

D'une manière générale, il ressort de l'analyse de la composition floristique, des valeurs relatives des indices de diversité de Shannon et de Simpson, que les forêts étudiées présentent de fortes diversités spécifiques et une répartition régulière se limitant à quelques espèces rares au sein des forêts étudiées. Ce constat est fait par (Kokou *et al.*, 2000) dans les îlots de forêt protégés dans la plaine côtière du sud du Togo.

Même dégradées, les forêts fétiches, les forêts de sociétés secrètes et les forêts communautaires présentent une flore assez riche dont les familles les plus représentatives sont

(Leguminosae, Moraceae, Apocynaceae, Sterculiaceae, Bombacaceae, Sapotaceae, Euphorbiaceae, Annomaceae, Celastraceae, Rubiaceae, Meliaceae et Sapindaceae).

La richesse en famille des forêts fétiches est de 61, celle des forêts de sociétés secrètes est de 39 et pour les forêts communautaires, elle est de 59. Ces valeurs sont supérieures à celles obtenus par (Sinadouwirou, 1997), (Aïkpé, 2010) et (Ali, 2011). Par contre, elles sont inférieures à celles obtenues par, Ago (2000), Boukpessi (2003) et Tchamié (2000). Cette différence pourrait s'expliquer d'une part, par la situation géographique et la superficie de plus en plus réduite de ces forêts, d'autre part, par l'action humaine de plus en plus forte. La dominance observée au niveau de la famille des Leguminosae est contraire aux résultats de Gbaguidi (1998) dans les forêts sacrées du département de l'Ouémé, qui constate une forte représentativité des Rubiaceae dans ces forêts. Cette remarque montre que les forêts sacrées et communautaires sont en perpétuelle mutation. Selon White, cité par Adomou (2005), les familles caractéristiques de la région Guineo-congolaise (Caesalpiniaceae, Mimosaceae, Sapotaceae, Rubiaceae, Annonaceae, Moraceae) sont fortement présentes dans les forêts sacrées du couloir dahoméen. Ce qui est en phase avec les résultats obtenus par cette étude.

9.2.2. Paramètres dendrométriques des groupes de forêts

L'analyse de la structure en diamètre des forêts étudiées tend à afficher une structure en "J" renversé avec des paramètres de forme c de la distribution de Weibull pour la plupart inférieurs à 1 qui caractérisent les peuplements multispécifiques ou inéquiennes. Les classes de diamètre les plus élevées ont été obtenues dans les forêts de sociétés secrètes avec une diversité de 227,59 tiges/ha. Cette forte valeur de la densité observée au niveau de ces forêts s'explique par le caractère craintif et l'accès difficile dans ces forêts dont l'entrée est réservée uniquement aux initiés. La plus faible valeur, 188,29, est observée au niveau des forêts communautaires qui sont des forêts à accès très facile. Les individus de diamètres supérieurs à 200 cm sont les espèces de *Antiaris toxicaria*, *Adansonia digitata*, *Cola gigantea* et *Milicia excelsa*. Selon Dugast (2002), la circonférence des arbres augmente avec l'évolution de la végétation. Il observe que dans la jachère préforestière, la plupart des espèces a un diamètre entre 9,55 et 15,6 cm. La valeur de la densité est plus élevée dans la plupart des forêts étudiées comparativement à celles obtenues généralement dans les forêts classées du Bénin. Selon Natta (2003), dans les galeries forestières du Bénin, plus de 75 % des ligneux ont un diamètre à hauteur d'homme (dbh) de moins 30 cm. Cela montre que les individus de gros diamètre des galeries forestières sont exploités, malgré leur statut de protection (RB, 1993).

Alors que selon Nguenang *et al.*, (2010), dans les forêts secondaire et primaire, les espèces présentent une forte proportion de gros arbres de circonférence supérieure à 100 cm.

Les résultats de la densité sont confirmés par la valeur élevée (50,48 m^2/ha - 36,28 m^2/ha) des surfaces terrières. Ces valeurs montrent une prédominance des individus de gros diamètres dans l'ensemble de ces forêts. Ces valeurs sont inférieures à celles obtenues par Gbaguidi (1998) et Aïkpé (2010), respectivement dans les forêts sacrées du département de l'Ouémé, dans la forêt sacrée de Kinkponzoumè et dans les forêts sacrées de Adjohoun. Selon Mbayngone *et al.*, (2008), la surface terrière est un bon outil de classification de maturité des forêts. Ces valeurs confirment l'état de forêt secondaire vieille des forêts sacrées et communautaires. La flore et la faune étant intimement liées, la présence de gros arbres constitue un facteur limitant pour le développement des espèces animales. La niche écologique des espèces animales est perturbée à cause de l'état de la végétation de ces forêts.

9.2.3. Spectres phytogéographiques et biologiques

Les types phytogéographiques traduisent la fidélité des espèces à leur région de confinement et permettent de juger de la spécificité de la flore. Dans l'ensemble, les espèces soudano-zambéziennes sont faiblement représentées. On note l'abondance et la dominance des espèces guinéo-congolaises et des espèces soudano-guinéennes dans la plupart des groupes de forêts étudiées. Ces résultats obtenus concordent avec ceux de White (1983, 1986) qui déclare que la flore guinéo-congolaise est remarquablement pure avec 80 % d'éléments endémiques et seulement environ 10 % d'éléments de liaison. De même, on note la présence des espèces pantropicales dans presque tous les groupes de forêts. Le secteur d'étude est situé dans la zone guinéenne, alors l'apparition des espèces pantropicale et soudanéennes témoigne de l'anthropisation de la flore des forêts sacrées et communautaires. Toutefois, la prédominance de l'élément base guinéen montre la stabilité de la végétation de ces forêts. Pour Adomou (2005), la proportion des espèces à large distribution diminue lorsqu'on passe des formations relativement perturbées aux formations moins perturbées. Il en trouve la justification dans le fait que l'extension des espèces à large distribution est généralement favorisée par l'action humaine (champs, pâturages, exploitation forestière, etc.). Ces observations corroborent parfaitement les celles faites dans les forêts sacrées et communautaires de la basse vallée de l'Ouémé. C'est les mêmes observations qui ont été faites par les études de Sinsin *et al.* (2011), dans la forêt sacrée de Bamèzoun dans la Commune des Aguégués et similaires à ceux obtenus par Djégo (2007) dans les jachères guinéo-congolaises. Il est important de souligner dans cette étude que quelques divergences sont observées dans les subdivisions phytogéographiques ; une même espèce peut être classée par deux auteurs dans des milieux différents ; par exemple : une espèce peut être afrotropicale pour l'un alors que l'autre la classe au sein d'espèces à large distribution. C'est ce qui entraîne quelques discordances dans l'analyse phytogéographique. Les phytogéographes doivent alors harmoniser leur opinion sur la question.

Selon Dajoz (1985), le spectre biologique de la flore d'une région est le reflet de l'ensemble des facteurs écologiques. Pour Toko (2008), les types biologiques ou formes de vie, traduisent fidèlement les conditions écologiques et permettent d'apprécier la dynamique des phytocénoses. Dans les forêts sacrées et communautaires de la basse vallée de l'Ouémé, les microphanérophytes constituent les formes de vie les plus dominantes alors que les mésophanérophytes sont les plus abondantes. Ce résultat est semblable à ceux obtenus par Guionnet (2000) dans les forêts sacrées de Godjin, Tchamié (2000) en pays Kabiyè au Togo, Ago (2001) sur le plateau de Adja au Bénin et Juhé-Beaulaton (2007). Si les auteurs s'accordent sur la dominance des phanérophytes dans les phytocénoses tropicales, les observations en ce qui concerne la prédominance de tel ou tel sous groupe sont très divergentes. Ainsi, Akpagana (1989), a obtenu des résultats différents au Togo, où ce sont les macrophanérophytes qui viennent en tête. Pour Kokou et al., (2005), ce sont les microphanérophytes qui contribuent en grande partie dans le spectre brut biologique.

A travers l'évaluation du nombre de forêts, l'analyse du mode de gestion, la structure de la végétation, de la composition floristique, de la diversité spécifique, des types biologiques et phytogéographiques, il ressort que la végétation des forêts sacrées et communautaires de la basse vallée de l'Ouémé a connu des modifications structurales et floristiques. Ainsi, l'hypothèse H1 qui sous-tend l'existence d'une diversité d'espèces végétales à cause des pratiques endogènes est vérifiée.

9.3. Facteurs déterminants de la dégradation des forêts sacrées et communautaires

Malgré tout le bien que procurent - ou sont censées produire- les forêts sacrées et communautaires, elles sont menacées. La présente étude illustre la fragilité actuelle des systèmes de gestion locale des forêts sacrées et communautaires que les populations avaient elles - mêmes protégées à travers plusieurs générations. L'agriculture, l'exploitation du bois, le lotissement, l'écorçage des ligneux et l'installation humaine sont les déterminants directs de dégradation de la végétation selon la perception locale. Dans la basse vallée de l'Ouémé, les techniques culturales, notamment les défrichements agricoles, dégradent le couvert végétal. Les espaces agricoles sont pratiquement dépourvus de ligneux hormis les forêts sacrées et communautaires où quelques pieds sont conservés pour des raisons culturelles, cutuelles, socioéconomiques etc. Sounon Bouko *et al.* (2007), résument bien cet état de choses, en faisant observer qu'une fois qu'une parcelle est défrichée, les arbres et les arbustes qui s'y trouvent sont détruits pour permettre aux cultures de profiter au maximum de la lumière solaire. La coupe de la plupart des arbres et arbustes qui accompagnent les défrichements agricoles et la mise à nu de la surface du sol par brûlis suivi ou non de labour, puis par sarclage répété, ont un impact majeur et durable sur la végétation et les sols (Hiernaux et Le Houérou, 2006). Pour Sodhi *et al.* (2009), l'agriculture est la première activité qui, au-delà de la dégradation de la végétation perturbe tout l'équilibre écologique. L'exploitation forestière est reconnue par les populations comme étant des déterminants importants de la dégradation des forêts sacrées et communautaires de la basse vallée de l'Ouémé. Les populations coupent ces essences végétales de valeur pour en faire divers objets, notamment la pirogue, très utilisée dans la basse vallée. L'écorçage des ligneux, l'installation humaine et le lotissement ont été cités par la population comme étant aussi des déterminants directs de dégradation. Ce constat est fait par Sinsin *et al.*, (2003), qui confirment que « l'écorçage participe à la perte de la biodiversité ». Par manque d'information, certains usagers de ces forêts écorcent tout autour de l'arbre. Les techniques de prélèvement d'organe sont rudimentaires et n'assurent pas une durabilité pour les espèces végétales des forêts sacrées et communautaires. Dans la basse vallée de l'Ouémé, le lotissement et l'installation humaine constituent un danger pour les forêts sacrées et communautaires. Les parcelles devenant de plus en plus chères (spéculation foncière), certaines personnes préfèrent morceler ces forêts sacrées et en faire des parcelles pour vendre. De plus, d'autres personnes déboisent les lisières des forêts pour construire des ateliers ou des lieux de vente d'objets. Une autre cause est l'éclatement des conflits entre plusieurs villages, groupes socioculturels, qui peuvent conduire à la dégradation ou à la disparition d'une forêt sacrée. Ces résultats sont conformes à ceux obtenus par Kokou *et al.* (1999a) qui ont observé des comportements similaires chez les populations du littoral togolais. L'un des facteurs de dégradation identifié, le manque d'attachement des populations riveraines des forêts sacrées, par le biais de la propriété foncière. Aussi ne sentent- elles pas concernées par les divinités qui y sont rattachées. Kokou *et al.* (1999a), dans les forêts sacrées du littoral-Togo, parvient aux mêmes constats. Le passage de l'homme est souvent marqué par la présence d'espèces anthropophiles (*Carica papaya, Elaeis guineensis,* etc.). Toutes ces espèces ont été recensées dans les forêts sacrées et communautaires étudiées et témoignent donc de l'action anthropique exercée sur ces formations végétales.

Plusieurs autres facteurs indirects contribuent à la dégradation des forêts sacrées et communautaires. Le type de fétiche, la corruption des chefs traditionnels, la prolifération des religions étrangères, le fonctionnement des comités de gestion, la croissance démographique, la situation conflictuelle des terres, les raisons d'ordre politique et naturelles sont perçus par les acteurs comme les déterminants indirects de dégradation de la végétation des forêts sacrées et communautaires. Les résultats des trois recensements généraux de la population et de l'habitation (INSAE, 1988 ; INSAE, 1994 ; INSAE, 2004) montrent que la population de la basse vallée de l'Ouémé est passée de 38.466 en 1979 à 76.046 en 1992 pour atteindre 178.810 en 2002. Cette croissance rapide de la population a entraîné l'extension des surfaces cultivées et l'augmentation des besoins en bois. C'est pourquoi, la croissance démographique a été retenue, par la plupart des acteurs, comme le facteur le plus important de dégradation de la végétation des forêts sacrées et communautaires. La croissance démographique est reconnue par plusieurs autres auteurs (Carr *et al.*, 2005 ; Vodounou, 2010; Arouna *et al.*, 2011) comme un facteur de dégradation de la végétation et des ressources naturelles. Déjà dans les années soixante, certains écologistes brandissaient le spectre de la « bombe P » pour attirer l'attention sur le caractère-clé de l'explosion démographique et des menaces qu'elle représentait pour l'équilibre et le futur de la planète (Barbault, 1995). Ramade (1987) considérait déjà la croissance démographique comme le problème d'environnement le plus grave auquel la civilisation n'ait jamais été confronté si l'on excepte les conséquences d'une guerre nucléaire. La prolifération des religions étrangères constitue un facteur déterminant dans la dégradation de la végétation des forêts sacrées et communautaires. Ce constat est fait par (Baglo *et al.*, 2012) dans la ville de Porto-Novo.

L'État est aussi responsable dans la dégradation des forêts sacrées et communautaires. Par manque de politique foncière, les domaines autrefois réservés pour les forêts sacrées sont grignotés pour y servir de domaine public. Ces différentes observations témoignent de la forte pression qui s'exerce sur les lieux de cultes en général et sur les forêts sacrées en particulier. Plusieurs auteurs tels que Boukpessi *et al.* (2006) dans les bois sacrés du Centre Togo, Gbinlo (2009) dans les forêts sacrées de Djidja au Bénin, Gbaguidi (1998) dans les forêts sacrées de du département de l'Ouémé ont fait également des constats similaires.

Les perturbations climatiques ont été considérées comme des facteurs de dégradation de la végétation. Tous ces facteurs ont participé à la modification de la structure de la végétation des forêts sacrées et communautaires de la basse vallée de l'Ouémé. Toutes les formations végétales ont connu globalement une régression en faveur des formations anthropiques de

1995 à 2012. Ces modifications sensibles ont concerné surtout les forêts sacrées et communautaires. Le nombre de forêts sacrées et communautaires a régressé et est passé de 39 à 35 forêts, soit un taux de disparition de 10,25 %. Pour preuve, les forêts communautaires de Nankizézoun et Lozoun situées dans la Commune de Adjohoun, la forêt communautaire de Akpamé et celle sacrée de Ahouignanzoun dans la Commune de Dangbo ont disparu et sont remplacées par des champs, des habitations et des églises. Les champs et jachères sous palmiers sont les unités d'occupation du sol qui dominent la physionomie de la basse vallée de l'Ouémé. Mais, les forêts de société secrètes apparaissent les mieux conservées à cause du type de fétiche qu'elles abritent. L'hypothèse H2 qui sous-tend que les activités anthropiques ont une influence sur la dégradation des forêts sacrées et communautaires de la basse vallée de l'Ouémé est alors vérifiée.

9.4. Valeurs socioéconomiques et culturelles des espèces végétales

Les espèces végétales des forêts sacrées et communautaires de la basse vallée de l'Ouémé sont fortement employées par les populations pour de nombreux besoins. La médecine, l'artisanat, l'alimentation, la construction, la magie sont autant de domaines dans lesquels sont utilisées les espèces végétales du secteur d'étude. Mais le principal domaine d'usage reste le domaine médicinal. Cet attachement à cette médecine relève du fait que celle-ci fait partie intégrante du patrimoine socioculturel des communautés. Par ailleurs, la médecine traditionnelle constitue un véritable moyen de traitement des maladies pour les populations qui n'ont pas toujours les moyens financiers pour s'acheter les médicaments modernes généralement au - dessus de leur pouvoir d'achat. Les connaissances endogènes en médecine traditionnelle des populations sur les espèces végétales des forêts sacrées et communautaires sont d'une grande richesse et varient d'un groupe socioculturel à un autre. Ces résultats corroborent le constat de l'OMS, qui affirme que 4/5 de la population mondiale dépendent des médecines traditionnelles pour leur santé. Pour Ali Omar (2009), « nos masses rurales qui comptent pour plus de 90 % de la population nationale disposent des moyens financiers les plus dérisoires pour faire face aux prix sans cesse croissants des produits pharmaceutiques modernes, alors qu'elles n'auront pas besoin de faire 100 pas au - delà de leur maison avant d'avoir leurs médicaments gracieusement offerts par la nature ». Elle est la médecine de proximité qui se caractérise par la diversité de ses moyens thérapeutiques, son accessibilité et son acceptabilité. Dans ce même sens, Sangaré (2003), trouve que la non-accessibilité géographique et économique aux soins de santé, de même que les comportements socioculturels, sont les facteurs qui font que plus de 80 % de la population en Afrique ont recours à la médecine traditionnelle. Ces espèces utilisées se retrouvent pour la plupart dans les forêts et font l'objet d'une attention particulière de la part des populations riveraines. Les forêts sacrées et communautaires bénéficient souvent de cette attention, car elles sont souvent situées dans les agglomérations. Celles de la basse vallée de l'Ouémé n'échappent point à cette remarque. Ces forêts sont un réservoir de plantes médicinales, c'est-à-dire la pharmacie des populations. Ce type d'observation a été également fait par Dan (2009) et Dossou (2010) respectivement dans les forêts marécageuses de Lokoli et Agonvê. Cette étude a identifié 158 espèces utilisées par tous les groupes socioculturels du secteur d'étude pour le traitement de plusieurs maladies. Tous les groupes socioculturels (Fons, Gouns, Wémès et autres) détiennent les mêmes informations sur l'utilisation de la plupart des espèces recensées et surtout celles médicinales. Le même constat est fait par Vihotogbé (2001), dans la forêt de Pobè et ses zones connexes où il a dénombré 27 espèces qui guérissent entres autres le paludisme, l'ulcère, la diarrhée, la fatigue intellectuelle, la fièvre typhoïde, la rougeole. Dans la forêt classée de la Lama, Assogbadjo (2000) a dénombré 47 espèces végétales consommées par les populations Holli et Fon sur les 80 espèces comestibles que renferme cette forêt. Au nord du Bénin, les études de Lokohoundé (2002) ont révélé 57 espèces alimentaires végétales forestières des forêts classées des Trois rivières contre 162 espèces comestibles utilisées sur l'ensemble du territoire selon (Codjia *et al.*, 2003). Selon Dossou-Gbété *et al.* (2006), par des connaissances endogènes, les populations sélectionnent des espèces végétales qui sont à usages multiples, soit en fonction de la quantité du bois de feu, soit en fonction de leurs potentialités curatives. Les plantes possèdent des caractères magiques, rituels et incantatoires pour le traitement des patients mentalement perturbés dans certains pays africains (Sinsin et Kampmann, 2010). Dans le cas de la présente étude, ce sont les espèces *Dialium guineense, Newbouldia laevis, Azadirachta indica* qui sont les plus utilisées. Les espèces *Newbouldia laevis* et *Azadirachta indica* sont très utilisées pour le traitement du paludisme. Les femmes de la basse vallée de l'Ouémé détiennent les mêmes connaissances ethnobotaniques que les hommes. L'usage de la forêt comme espace de loisir et ses composantes patrimoniales, historiques et culturelles définit une fonction sociale qu'il convient de prendre en compte. Dans les pays tropicaux, le mode de vie de certaines populations est étroitement lié aux forêts, et les ressources qu'elles en tirent permettent d'améliorer leurs conditions d'existence à différents niveaux (sanitaire, alimentaire, etc.). Le bois de feu tient une place particulière, il peut représenter jusqu'à 80 % de la récolte de bois dans certains pays du sud (Guéneau, 2006). Cette remarque est faite dans les forêts sacrées et communautaires de la basse vallée de l'Ouémé ou les branches de la plupart des espèces végétales inventoriées dans ces forêts se retrouvent dans les ménages comme bois de feu, étant donné que, le problème de bois-énergie se pose dans le secteur d'étude, la population riveraine n'a d'autres choix que d'élaguer les espèces végétales de ces forêts. Les espèces les plus conservées dans les forêts sacrées et communautaires de la basse vallée de l'Ouémé sont des espèces qui ont des valeurs socioéconomiques (*Dialium guineense, Chrysophyllum albidum,*), des valeurs thérapeutiques (*Newbouldia laevis, Azadirachta indica*) et culturelles (*Antiaris toxicaria, Ceiba pentandra, Milicia excelsa,*). Compte tenu de l'importance des espèces végétales des forêts sacrées et communautaires, leur trop grande exploitation est aujourd'hui néfaste pour la durabilité de ces écosystèmes. Ainsi, les techniques de prélèvement avec des outils traditionnels notées au cours des travaux de terrain, causent de graves préjudices aux espèces végétales, ce qui entraîne une dynamique régressive de ces forêts sacrées et communautaires. Par manque d'information, certains usagers de ces forêts écorcent tout autour de l'arbre, alors que selon Sinsin *et al.*, (2003), « l'écorçage participe à la perte de la biodiversité ». Ce faisant, la sève élaborée ne circule plus au niveau de la racine de l'arbre et ceci pourrait entraîner de graves préjudices allant jusqu'à la mort de l'espèce. Ce mode de prélèvement a plus d'incidence car les activités physiologiques de l'arbre sont perturbées voire arrêtées. Par ailleurs, le prélèvement gratuit des organes ou leur faible prix d'achat dans les marchés constitue un facteur de pression sur les espèces végétales. Ce constat a été également fait par Boukpessi (2010) dans les bois sacrés de l'Ogou en République du Togo et au Bénin par Tenté (2009) dans la région de Wari-Maro, Tenté et Gibigaye (2011) dans les forêts sacrées du Sud-Bénin, en particulier dans les villages de Zinvié et Kpanroun. Les travaux de Lebel *et al.* (2002) confirment également cette pratique dans les forêts de la sous-région. La valorisation des espèces de valeur identifiées dans les forêts sacrées et communautaires peut préserver ces espèces. Cette proposition a été déjà faite par De Jong *et al.* (2000), qui considèrent que la valorisation de ces espèces végétales peut favoriser la conservation de la biodiversité. Dans ce cas précis, elle va participer à la sauvegarde des forêts sacrées et communautaires. Mais, il faut pouvoir mettre en œuvre des méthodes et des taux de collecte respectant la durabilité des ressources. A cet effet, les lacunes statistiques au niveau local voire national dans le domaine des taux d'exportation, de collecte ou de prélèvement et des mesures fiscales feront l'objet de plusieurs études et séminaires. C'est pourquoi Tagne (2008) signale dans ses travaux que l'inexistence de mesures fiscales légales au Gabon participe à la régression du couvert, malgré les conditions écologiques favorables au développement des espèces végétales. Les travaux de Minga Minga (2000) révèlent les statistiques officielles sur l'exportation de 5 ressources en PFNL en République Démocratique du Congo. Cet état de choses est dû à l'inexistence de dispositions légales sur les PFNLs. Il conviendrait de poursuivre les études pour obtenir des statistiques sur les quantités des PFNLs consommées et exploitées quotidiennement au sein des ménages, et évaluer les techniques actuelles de prélèvement des PFNLs respectueuses de la nature, ceci dans le but de disposer des données sur l'état de pression sur ces ressources biologiques en général et dans les forêts sacrées et communautaires en particulier. Ainsi, l'hypothèse H3 qui sous-tend que les pratiques endogènes à travers l'ensemble des rites et des interdits ont permis de conserver des espèces à valeur socioculturelle et économique pour les populations est vérifiée.

Le mode de gestion des forêts sacrées et communautaires est basé sur l'approche traditionnelle qui consiste à implanter des fétiches dans les forêts. Mais, ces forêts peuvent également être régies par des règles élaborées par des sociétés secrètes. Ce mode de gestion des forêts sacrées a été identifié par Ago (2000), sur le plateau d'Adja. Pour lui, deux facteurs interviennent dans la gestion des forêts sacrées: la nécessité de se cacher et de protéger les divinités. Sinadouwirou (1997), Boukpessi (2003), Camp (2004) ont observé ces mêmes pratiques respectivement dans les forêts sacrées du département de l'Atlantique au Bénin, du Centre-Togo et dans les bois sacrés de l'aire Nyiglin au Togo. Ce mode de gestion basé, sur le surnaturel, est conforme à celui constaté par Gbaguidi (1998), au niveau des forêts sacrées de l'Ouémé, par Juhé-Beaulaton et Roussel (1998), pour les forêts et bois sacrés de l'ancienne Côte des esclaves.

Dans la basse vallée de l'Ouémé, le mode de gestion des forêts sacrées et communautaires repose sur le sacré, les interdits et la surveillance collective. Mais, ce mode de gestion a évolué et n'est plus adapté aux réalités du monde moderne. L'entrée dans les forêts sacrées n'est plus seulement l'apanage des adeptes, des prêtres et des fidèles. Les scientifiques sont autorisés à y faire des recherches. C'est ce qui a favorisé l'accès à la plupart des forêts sacrées qui ont fait l'objet de cette étude. Même si l'accès aux forêts sacrées de Bamèzoun, Kinkponzoun et les forêts ''Oro'' n'a pas été facile, il a été finalement possible. Selon Ali (2011), la gestion endogène des forêts sacrées de la Commune de Dangbo constitue un frein pour l'aménagement de ces forêts. Tenté et Gibigaye (2011) et Adjé (2014), ont fait les mêmes remarques dans les forêts sacrées de Zinvié et de Kpanroun au Sud-Bénin et celles de la Commune Bonou.

Les catégories de forêts reliques identifiées dans la basse vallée de l'Ouémé sont : les forêts fétiches, les forêts de sociétés secrètes et les forêts communautaires. Ce résultat est conforme à celui obtenu par Amétépé (1997), Ago (2000), sur le plateau Adja avec une dominance de

159

(71 %) de forêts fétiches. La même remarque a été faite par Sokpon et Agbo (1999) dans tout le Bénin avec une prédominance des forêts fétiches. Toutes ces forêts subissent aujourd'hui l'effet de la pression humaine, quel que soit le mode de gestion. Il est important de tenir compte des observations faites dans cette étude pour améliorer l'état de la flore des forêts sacrées et communautaires. La promotion des forêts de sociétés secrètes serait un atout favorable pour la sauvegarde des forêts car, elles apparaissent comme les mieux conservées sur le plan floristique à cause de leur caractère craintif.

9.5. Pertinence de la mise en œuvre des suggestions

Les recommandations formulées dans le cadre de cette étude avec la participation de tous les acteurs impliqués dans la gestion des forêts sacrées et communautaires sont des recommandations formulées à court, moyen et long termes à l'échelle communale et nationale.

Toutes les autorités ont trouvé pertinentes et applicables les recommandations qui sont proposées. Ces recommandations ont été soumises au préalable aux autorités. Pour celles qui nécessitent des moyens financiers, les conseils communaux ont émis des réserves par rapport à leur réalisation en raison du manque de moyens, mais, en raison des contraintes juridiques. La sensibilisation des autorités religieuses est la première action souhaitée par toutes les autorités communales. En effet, la sensibilisation des autorités religieuses constituent un passage obligé avant la mise en œuvre des autres recommandations. Un constat similaire est fait par Djogbénou *et al.* (2011), Arouna (2012) qui ont affirmé qu'avant la mise en œuvre d'un modèle de planification de gestion des ressources naturelles, il faut d'abord l'information et la sensibilisation des acteurs concernés. La création des conditions d'un environnement d'affaires favorable à travers la création d'autres activités génératrices de revenus fait partie des actions urgentes à encourager selon les acteurs. Ce constat est fait également par (Glin, 2000). Le volet de reboisement des forêts sacrées et communautaires doit être clairement inscrit dans le budget du conseil communal des localités concernées. L'administration forestière doit jouer un rôle déterminant dans la sauvegarde de ces forêts à travers la poursuite, en synergie avec le Projet du PNUD en appui aux forêts sacrées du Bénin, des études dans le reste des forêts sacrées du Bénin. Elle doit également s'investir dans l'intégration des forêts sacrées dans le régime forestier du Bénin comme des forêts communautaires aussi que la clarification du statut juridique et institutionnel des forêts sacrées. Il est clair que le rôle de l'administration forestière est déterminant dans la sauvegarde des forêts sacrées à travers l'établissement d'un plan de gestion et d'aménagement. Cette observation a été déjà faite par (Bété et Toko, 2011). L'hypothèse H4 qui sous-tend que l'implication des projets et programmes dans la gestion des forêts sacrées et communautaires est un atout pour leur aménagement est alors vérifiée.

En définitive, les forêts sacrées et communautaires constituent une dimension importante pour le développement durable.

Conclusion partielle

Les essences des forêts sacrées et communautaires contribuent à la santé publique. Les espèces végétales de ces forêts sont très utilisées par les populations de la basse vallée, entraînant leur dégradation.

Plusieurs organes de plants (racines, feuilles, écorces, fruits, graines, tubercules plante entière) sont utilisés par les populations. La technique de prélèvement avec des outils rudimentaires ne présente aucun caractère de durabilité pour les espèces végétales.

Les forêts sacrées et communautaires de la basse vallée de l'Ouémé abritent plusieurs divinités qui constituent un gage pour la pérennisation et la sauvegarde de ces forêts.

Les stratégies de conservation ont été proposées ensemble avec les autorités locales qui les ont trouvés pertinent. Il s'agit, somme toute, des lignes directives qui peuvent s'adapter aux différentes conditions écologiques et socio-économiques des forêts sacrées et communautaires ainsi que celles de l'État central et des collectivités locales.

Les forêts sacrées et communautaires sont des reliques de forêts plus ou moins anthropisées, conservées jusqu'à présent grâce à la population. Elles constituent une dimension importante pour le développement durable.

CONCLUSION GÉNÉRALE

Cette étude a eu pour objectif principal de contribuer à une meilleure gestion durable des forêts sacrées et communautaires de la basse vallée de l'Ouémé dans le Bénin Méridional. Les 27 forêts sacrées (20 forêts fétiches et 7 forêts de sociétés secrètes) et 8 forêts communautaires sont riches en ressources floristiques. Leur structure verticale est perturbée dans les strates sous-arbustive, arbustive et arborescente. La strate sous-arbustive est presque inexistante à cause des activités agricoles. Dans cette étude, la diversité de la faune n'a pas pu être appréciée. Les strates de la végétation qui devraient servir de refuge pour les espèces animales sont pour la plupart perturbées. Cette perturbation constitue un handicap pour le développement des espèces animales. Lors des travaux de terrain, hormis certains rares insectes, oiseaux et reptiles, aucun signe de mammifères, de primates n'a été observé dans les forêts prospectées. L'inventaire de la diversité faunique pourrait constituer une limite pour cette étude.

L'analyse des types phytogéographiques a montré l'abondance et la dominance des espèces Soudano-guinéennes avec la présence des espèces à large distribution géographique comme les espèces Pantropicales dans la plupart des groupes de forêts. L'élément base dans la zone phytogéographique de l'étude étant le Guinéo-Congolais « GC », la présence des espèces pantropicales et Soudano-Zambéziennes dans ces forêts montre que la flore locale est en train de perdre sa spécificité au profit des espèces à large distribution géographique et des espèces introduites. Ce sont les conséquences de l'anthropisation d'une formation végétale.

L'installation humaine, l'agriculture, l'exploitation du bois, le lotissement et dans une moindre mesure l'écorçage des ligneux ont été perçus par les différentes catégories socioprofessionnelles comme des facteurs directs de dégradation des forêts sacrées et communautaires. Aussi, le type de fétiche, la corruption des Chefs traditionnels, la prolifération des religions étrangères, le fonctionnement des comités de gestion, l'insécurité foncière, la croissance démographique, les perturbations naturelles et les raisons politiques ont été cités par la plupart des acteurs locaux comme étant les facteurs indirects de dégradation des forêts sacrées et communautaires de la basse vallée de l'Ouémé.

Ces facteurs de dégradation sont relatifs pour la plupart à la satisfaction des besoins socio-économiques de la population. La pauvreté et l'inconscience sont en train d'avoir raison des pratiques endogènes de conservation des forêts dans la basse vallée de l'Ouémé.

La tendance évolutive des formations végétales des forêts sacrées et communautaires est régressive. Si les tendances actuelles de dégradation se maintenaient, une forêt sacrée et communautaire disparaîtrait tous les 123 ans. Mais à l'heure actuelle, ni les gestionnaires de ces forêts, ni l'État ne mènent aucune initiative sérieuse de reboisement de ces écosystèmes. Dans la basse vallée, quelques unes de ces forêts comme la forêt de Bamèzoun, Gnahouinzoun, Kodjizoun bénéficient de l'appui de certaines ONG. Si ces actions de suivi se poursuivaient dans les autres forêts, la dégradation pourrait ne pas atteindre ce rythme.

Bien que dégradées aujourd'hui, ces forêts sacrées et communautaires constituent une réserve de plantes médicinales utilisées par la population. Elles constituent une réserve de plantes médicinales généralement très rares. Les forêts sacrées et communautaires de la basse vallée de l'Ouémé sont perçues comme une part importante du patrimoine des villages riverains. Elles sont importantes à tel point que leur disparition pourrait entraîner des perturbations sociales. Les espèces végétales des forêts sacrées et communautaires sont très utilisées par tous les groupes socioculturels du secteur d'étude, entraînant leur dégradation.

Plusieurs organes (racines, feuilles, écorces, fruits, graines, plante entière) de plants sont utilisés par la population locale. La technique de prélèvement avec des outils rudimentaires ne présente aucun caractère de durabilité pour les espèces végétales. Ces forêts jouent plusieurs rôles dans l'environnement socioéconomique des populations. Mais, les populations protègent ces forêts pour y abriter des divinités ou en faire le siège de certains dieux invisibles ou des clubs secrets. Beaucoup de règles et principes traditionnels, basés sur l'animisme constituent le fondement de la gestion des forêts sacrées et communautaires de la basse vallée de l'Ouémé. Les forêts sacrées et communautaires de la basse vallée de l'Ouémé abritent plusieurs divinités qui ne constituent plus aujourd'hui un gage pour la pérennisation et la sauvegarde de ces forêts.

La présente étude, ne se prétend pas exhaustive. Elle s'est plutôt efforcée de réaliser un bilan analytique de la végétation des forêts sacrées et communautaires afin d'identifier les facteurs de leur dégradation, dans le but d'une prise de décision pour leur aménagement. Cette étude doit alors se poursuivre par la mise en place d'une méthode avérée de l'évaluation objective de chaque déterminant dans le processus de dégradation des forêts sacrées et communautaires, au-delà de l'analyse des perceptions. Le recensement et la cartographie des forêts sacrées et communautaires doivent être poursuivis dans le reste du pays afin d'actualiser le répertoire de ces forêts. Les limites des forêts sacrées et communautaires doivent être connues et matérialisées avec une grande précision.

Le document-cadre de la gestion durable de toute forêt est le plan d'aménagement. Premier outil du propriétaire de forêt, l'aménagement forestier est un plan de gestion, établi pour une durée de 10 à 20 ans, qui s'inscrit dans l'histoire de chaque forêt et détermine une partie de son futur, qu'elle soit naturelle ou plantée. L'aménagement forestier est la traduction dans les faits des objectifs choisis par le propriétaire pour sa forêt. Il en actualise les orientations stratégiques (poids relatif donné à la production, l'environnement, l'accueil du public), les choix techniques (essences, type de peuplement, mode de renouvellement, etc.) qui vont façonner la forêt, et se traduit par un programme pluriannuel d'action.

L'existence et la mise en œuvre effective des prescriptions d'un plan d'aménagement forestier constituent la garantie de la gestion durable de ladite forêt. Le plan de gestion durable doit être élaboré suivant cinq étapes :

- **Étape 1** : information, sensibilisation et discussion avec les populations sur les problèmes de gestion des forêts sacrées et communautaires et autres problèmes de développement ;

- **Étape 2** : évaluation de la situation de référence ;

- **Étape 3** : élaboration du plan d'aménagement ;

- **Étape 4** : mise en œuvre du plan d'aménagement ;

- **Étape 5** : suivi et évaluation de la mise en œuvre du plan d'aménagement.

Le plan d'aménagement doit délimiter les zones nécessitant une gestion spéciale, décidée par les dignitaires ou les membres des comités de gestion :

- - zones d'intérêt écologique général, dont les réserves biologiques intégrales ne font l'objet ni de coupes de bois, ni de travaux sylvicoles, ni de génie écologique ;

- - zones d'intérêt écologique particulier, dont les réserves biologiques dirigées font l'objet de coupes de bois, de travaux sylvicoles ou de génie écologique adaptés à l'objectif écologique poursuivi ;

- - îlots de vieux bois (îlots de vieillissement et/ou îlots de sénescence).

BIBLIOGRAPHIES

ACHOUNDONG G., 1990. Les bois sacrés de la chefferie Bafou. Herbier national, Yaoundé, 7 P.

ADAM K. S.; BOKO M., 1993. Le Bénin. SODINIAS / EDICEF. 30-33 p.

ADEDIRE M. O., 2002. Environmental implications of tropical deforestation. *Journal. sustain. Developpement.World Ecologie.*, **9**: 33-40.

ADJANOHOUN EJ, ADJAKIDJE V, AHYI MRA, AKE ASSI L, AKOEGNINOU A, D'ALMEIDA J, APOVO F, BOUKEF K, HADARE M, CUSSET G, DRAMANE K, EYME J, GASSITA J-N, GBAGUIDI N, GOUDOTE E, GUINKO S, HOUNGNON P, ISSA LO, KEITA A, KINIFFO HV, KONE-BAMBA D, MUSAMPA NSEYYA A, SAADOU M, SODOGANDJI TH, DE SOUZA S, TCHABI A, ZINSOU DOSSA C, ZOHOUN TH., 1989. Contribution aux Etudes Ethnobotaniques et Floristiques en République Populaire du Bénin. Agence de Coopération Culturelle et Techniques :Paris ; 895 p.

ADJAKPA B.J., YEDOMONHAN H ; AHOTON L.E., PETER D.M.,WEESIE P. D.M., AKPO E.L., 2013. Structure et diversité floristique des îlots de forêts riveraines communautaires de la basse vallée de la Sô au Sud- EST du Bénin. *Journal of Applied Biosciences 65, pp.*4902-4913.

ADJANOHOUN EJ, EYME J, DRAMANE KL, FOURASTE L, KEITA LE, BRAS M, LEJOLY J, PENGE O & WAECHTER P., 1996. *Revue de Médicine et Pharmacopées Africaines* (vol. 10). Editions GRIPT: 138 p.

ADJE O. J. B, 2014. Etude phytogéographique des espèces végétales ligneuses des forets sacrées de la Commune de Bonou : conservation pour un développement durable. Mémoire de maîtrise de Géographie, UAC, FLASH, 87 p.

ADJOSSOU K., 2004. Diversité floristique des forêts riveraines de la zone écologique IV du Togo. Mémoire de DEA biologie de développement, option biologie végétale appliquée, Université de Lomé, 75 p.

ADOMOU A. C., 2005. Vegetation patterns and environmental gradients in Benin: implications for biogeography and conservation. PhD.Thesis Wageningen University. Wageningen. The Netherlands. ISBN 90-8504-305-5. 133 p.

ADOMOU C. A., MAMA A., MISSIKPODE R. & SINSIN B., 2009. Cartographie et caractérisation floristique de la forêt marécageuse de Lokoli (Bénin). *International. Journal of .Biological. and Chemical .Sciences.***3** (3) :493-503.

ADOMOU C.A., YEDOMONHAN H., DJOSSA B., OUMOUROU M. & AKOEGNINOU A., 2012. Etude ethnobotanique des plantes medicinales vendues dans le marché d'Abomey-calavi au Bénin. *International. Journal of Biological and Chemical.Sciences.***6** (2) :745-772 .

ADOU Yao C.Y.,KPANGUI K.B., KOUAO K.J.,ADOU L.M.D.,VROH B.T.A.,N'GUESSAN K.E., 2013. Diversité floristique et valeur de la forêt sacrée Bokasso (Est de la Côte d'Ivoire) pour la conservation. *Vertigo- la revue électronique en sciences de l'environnement (Online), Volume 13 Numéro 1/ avril 2013,*mise en ligne consulté le 16 avril 2013.Consulté le 25 mai 2013. URL : http :// vertigo.revues.org/2813 ;DOI : 10.400/vertigo.13500.

AFFOUKOU M.O., 1997. Forêts sacrées et conservation de la biodiversité au Bénin : études de cas sur le plateau d'Allada. Abomey Calavi, UNB, Département des techniques d'aménagement et de protection de l'environnement. 111 p.

AGBO V. & SOKPON N., 1998. Forêts sacrées et patrimoine vital au Bénin 32 p.

AGO E., 2000. Sacralisation et niveau de maturation des forêts denses semi-décidues du plateau d'Adja au Sud-ouest du Bénin. Thèse pour l'obtention du Diplôme d'Ingénieur Agronome. UAC/FSA, Abomey-Calavi, Bénin 137 p +annexes.

AÏKPE M., 2010. Etude floristique et ethnobotanique de la forêt sacrée de kpinkonzoumè dans la Commune de Adjohoun. Mémoire de maîtrise géographie FLASH/ UAC, 68 p + annexe.

AKOEGNINOU A., 1984. Contribution à l'étude botanique des îlots de forêts denses humides semi-décidues en république populaire du Bénin. Thèse 3è cycle, Univ. Bordeaux 3, 250 p.

AKOEGNINOU A., VAN DER BURG W. J. & VAN DER MAESEN L. J. G., 2006. *Flore Analytique du Bénin*. Wageningen University Papers 06.2. 1034 p.

AKPAGANA K., 1989. *Recherche sur les forêts denses humides du Togo*. Thèse Doct.Univ. De Bordeaux III. 181P. halshs-00343524.

AKPAGANA K., ARNASON J.T., AKOEGNINOU A., BOUCHET P., 1998. La disparition des espèces végétales en Afrique tropicale. Cas du Togo et du Bénin en Afrique de l'Ouest. Le Monde des Plantes. (463): 18-20 .

ALAFIA, 2025. Rapport de la vision du Bénin à l'horizon, 2025. Ministère d'État chargé du plan, 219 p + annexe.

ALI OMAR M., 2009. Pharmacopée traditionnelle et valorisation d'autres ressources naturelles par la femme Toubou dans le Termit-Niger, ME/ LCD, P/ ASS, 75p.

ALI R.K.F.M., 2011. Conservation de la diversité floristique à travers les pratiques endogènes dans les forêts sacrées de la commune de Dangbo. Mémoire de Master II en gestion de l'environnement UAC /EDP/CIFRED, 88 p.

ALLAGBE .E, 2014. Etude phytogéographique et ethnobotanique des espèces végétales ligneuses des forets sacrées et communautaires de la Commune de Dangbo. Mémoire de maîtrise de Géographie, UAC, FLASH, 96 p.

AMETEPE A., 1997: Forêts sacrées et conservation de la biodiversité au Bénin: cas du département du Mono. Thèse 'Ingénieur Agronome. FSA/UAC/ Bénin 165 pages.

AMOUGOU A., 1989. La notion de profil de stratification de référence en milieu forestiers tropical. *Candollea* **44** (1) :191-198.

ARBONNIER E., 2002. Arbres, arbustes et lianes des zones sèches d'Afrique de l'ouest, 2é édition Paris, CIRDAD, MNHN, 78 p.

AROUNA O., TOKO I. DJOGBENOU C.P. & SINSIN B., 2011. Comparative analysis of local populations' perceptions of socio-economic determinants of vegetation degradation in soudano-guinean area in Benin (West Africa). *International Journal of Biodiversity and Conservation*, **3** (7): 327-337.

AROUNA O., 2012. Cartographie et modélisation prédictive des changements spatio- temporels de la végétation dans la Commune de Djidja au Bénin : Implication pour un aménagement du territoire. Thèse de Doctorat unique, EDP/FLASH/UAC 246 p.

ASECNA, 2010. *Station météorologique de Adjohoun*, Agence pour la Sécurité de la Navigation Aérienne en Afrique et à Madagascar.

ASSOGBADJO A.E., 2000. Biodiversité des ressources alimentaires forestières et leur contribution à l'alimentation des populations. Cas de la forêt classée de la Lama. Thèse d'Ingénieur Agronome, FSA/UAC, 131 p.

ATATO A., 2002. Les forêts denses sèches de la plaine centrale du Togo. Mémoire DEA, Bioliogie de développement, option Biologie végétale appliquée, Université de Lomé, 64 p.

ATATO A., WALA K., BATAWILA K., WOEGAN A. & AKPAGANA K., 2010. Diversité des fruitiers ligneux spontanés du Togo, laboratoire de botanique et écologie végétale, *Global Science Books, faculté des sciences /Special Issue* 1, université de Lomé-Togo, pp 1- 9.

AVOCEVOU C., 2007. Pour une exploitation durable des PFNL: effet du ramassage des fruits de Pentadesma butyracea sur sa régénération naturelle et analyse financière de la commercialisation de ses amandes et de son beurre dans l'arrondissement de Pennessoulou au Bénin. Mémoire DEA/FSA/UAC, Bénin.89 p.

BAGLO A. M, ALI R K.F. M .,ODJOUBERE J & TENTE B., 2012. Contribution des lieux de culte traditionnel a la conservation des espèces végétales dans la ville de Porto-Novo. *Revue semestrielle de Géographie du Bénin*, ISSN 1840-5800 (12) : 192- 205.

BAILLEY R.L. & DELL T.R., 1973. Quantifying diameter distributions with the Weibull function. For. Sciences. (19) : 97-204.

BARBAULT R., 1995. Ecologie générale: Structure et fonctionnement de la biosphère. Masson, Paris, France, 275 p.

BARIMA Y. S. S., BARBIER N., BAMBA I., TRAORE D., LEJOLY J. & BOGAERT J., 2009. Dynamique paysagère en milieu de transition forêt-savane ivoirienne. *Bois et forêts des tropiques*, **299** (1) : 15-25.

BETE S.S. & TOKO I.I., 2011. Projet D'Appui à la Gestion Des Forêts Communales. Evaluation de la contribution des Forêts Sacrées à la conservation de la biodiversité végétale du Sud Bénin, Rapport d'étude 54 p + annexe.

BIAOU, H. S., 1999. Etude des possibilités d'aménagement de la forêt classée de Bassila. Structure et dynamique des principaux groupements végétaux et périodicité d'exploitation. Thèse d'Ingénieur Agronome, Faculté des sciences Agronomiques, UNB, 190 p + annexes.

BIKOUE M.A.C. & ESSOMBA H., 2007. Gestion des ressources naturelles fournissant les produits forestiers non ligneux alimentaires en Afrique centrale. Produits forestiers non ligneux. Document de travail n°. Word Agroforesty Centre/COMIFAC/FAO. 103 p.

BLONDEL, J., 1976-. L'analyse des peuplements d'oiseaux, éléments d'un diagnostic écologique I. la méthode des échantillonnages fréquentiels progressifs (E.F.P). *Revue. Ecologie de la terre et la vie*, (29) : 533-589.

BODJRENOU G., 2006. La gestion des îlots forestiers dans la commune d'Adjohoun: construction et perspectives. Mémoire de maîtrise, Géographie, UAC, Bénin, 94 p.

BONOU W. N., 2007. Caractérisation structurale des formations hébergeant Afezelia africana : cas de la forêt classée de la Lama au Sud du Bénin. Thése d'Igenieur Agronome. Abomey-Calavi. FSA-UAC- 76 p + annexes.

BONOU A., 2008. Estimation de la valeur économique des Produits Forestiers Non Ligneux (PFNL) d'origine végétale dans le village de Sampéto (Commune de Banikoara). Mémoire de DEA. Abomey-Calavi. FSA-UAC- 66 p.

BOUKPESSI T, 2003. Les pratiques endogènes de gestion et de conservation de la biodiversité : cas des bois sacrés du centre Togo. Mémoire de maîtrise, université de Lomé, 104 p.

BOUKPESSI T., 2010. Les pratiques endogènes de conservation de la biodiversité au Centre-Togo. Thèse de doctorat unique en géographie. Université de Lomé 280 p + Annexes.

BOUKPESSI T., KOKOU K. & TCHAMIE T. T., 2006. Diversité floristique des bois sacrés du Centre-Togo. *Revue. Sciences. Environnementales., Laboratoire de Recherches Biogéographiques d'Etudes Environnementales, Université de Lomé*, (2) : 87-112.

BRAUN BLANQUET., 1932. Plant sociology- The study of plant commuties- translated revised and edited by Fuller G.D. Conard H. S. 439 p.

BYG A. & BALSLEV H. 2001. Diversity and use of palms in Zahamena, eastern Madagascar. *Biodiversity and Conservation* (10) : 951–970.

CAMP S., 2004. Situation et enjeux économiques et sociaux des bois sacrés de l'aire Nyigblin. Mémoire de DEA Environnement, Milieux, Techniques et Sociétés, MNHN-INAPG-Université Paris VII, 57 p.

CARR L.D., SUTER L. & BARBERI A., 2005. Population dynamics and tropical deforestation: state of the debate and conceptual challenges. *Population and Environment* **27** (1) : pp 89-113.

CENATEL, (2010). Carte de végétation des Communes de la Basse vallée de l'Ouémé, 7 p.

CHAFFARD-SYLLA S., 2007. Trousse à outils de gestion environnementale et de développement durable, Institut de l'Energie et de l'Environnement de la Francophonie (IEPF) Québec GIK4 AI Canada 121 p.

CIRAD-GRET/ MAE-,2002. *Momento de l'agronome*, Jouve, Paris 1700 p, livre.

CNUED, 1992. Conférence des Nations Unies sur l'Environnement et le Développement. Rapport de la Commission des Communautés Européennes, 164 p.

COMBESSIE J. C., 2001. La méthode en sociologie, Edition la découverte, Paris, France, 124 p.

CODJIA C.J., ASSOGBADJO A. E. & EKUE M.R., 2003. Diversité et valorisation au niveau local des ressources végétales forestières alimentaire du Bénin. *Cahier Agriculture- ISSN*, **12** (5) : 321-331.

DAGET P. & GODRON M., 1979. Vocabulaire d'écologie. Hachette, Paris, France, 300 p.

DAJOZ R., 1985. Précis d'écologie. Bordas, Paris, France, 504 p.

DAN., 2009. Etude écologique, floristique phytosociologique et ethnobotanique de la forêt marécageuse de Lokoli. Thèse de doctorat. Université Libre de Bruxelles. 260 p.

DE JONG W., CAMPBELL B.M. & SCHRÖDER J. M., 2000. Sustaining incomes from non timber forest product: introduction and synthesis. *International tree Crops Journal.* **10** (04): 267-275.

DELEKE I., 2005.Utilisation des plantes médicinales contre les maladies et les troubles gynécologiques dans les terroirs autour de la zone cynégétique de la Pendjari du Bénin: compréhension, inventaire et perspective pour la conservation. Mémoire du diplôme d'ingénieur agronome. FSA/UAC. Bénin. 70 p.

DEVINEAU J.L., 1984. Evolution de la diversité spécifique du peuplement ligneux dans une succession préforestière de colonisation d'une savane protégée des feux (Lamto, Cote d'Ivoire). Candollea 39: 103 – 134.

DJEGO J. G., 2007. Phytosociologie de la végétation de sous-bois et impacts écologiques des plantations de forestières sur la diversité floristique au sud et au centre Bénin. Thése de doctorat, UAC- Bénin. 329 p.

DJOGBENOU C.P., AROUNA O., TOKO IMOROU I. & SINSIN B., 2011. Analyse comparative des profils des plans d'aménagement participatifs des forêts classées au Bénin. *Revue. Sciences Environnementales.de Université de Lomé (Togo)*, (7) : 51-79.

DOSSOU-GBETE G., SALIFOU S., ABOH A., DOSSA S., 2006. Evaluation participative de l'importance des tiques et méthodes endogènes de lutte au nord Bénin : perspectives et valorisations, *revue africaine de santé et de productions animales*, **4** (1-2) : 61-68.

DUFRENE M. & LEGENDRE P., 1997. Species Assemblages and Indicator Species: The Need for a Flexible Asymmetrical Approch. *Ecologie. Monographic.*, **67** (3) : 345-366.

EHINNOU KOUTCHIKA R. I., 2014. Les bois sacrés des Communes de Glazoué- Savè- Ouèssè au Bénin : valeur écologique, rôle social et implications pour la conservation de la biodiversité. Thèse de doctorat en Géographie et Gestion de l'Environnement, EDP/FLASH/UAC 170 p.

EPA, 2004. Esquisse de plan de gestion « forêt de Kpassè » de Ouidah, novembre 2004 Résultats de l'exercice réalisé par les participants du 6 ème cours régional Africa 2009, Porto Novo, Bénin, 59 p.

FAGNISSE F., 2006. Valorisation des plantes médicinales dans le traitement des maladies des ruminants (cas des bovins) aux alentours du parc W: inventaire ethnobotanique et perspectives. Mémoire de DIT/EPAC/UAC.114 p + annexes.

FAO, 2010. Foresterie et sécurité alimentaire, FIAT, ROME, 136 p.

FAO, 2009. Situation des forêts du monde. ISBN 978-92-5-206057-4 : 2-11 htp//www.fao.org.

FAO, 2005. Evaluation des Ressources Forestières Mondiales 2005. FAO. Rome. Italie. 320 p.

FRANQUIN P., 1969. Analyse agroclimatique en régions tropicales. Saison pluvieuse et saison humide. Applications. *Cahiers. ORSTOM, séries. Biologies.*(9) : 65-95.

GARCIA C., PASCAL J-P., CHEPPURDIRA G.,KUSHALAPPA K.C., 2006. Les forêts sacrées du kadagu en Inde : écologie et religion. *Bois et forêts des tropiques* 288, 2, pp 5-13.

GAYIBOR N., 2003. « Les rapports entre les autorités politiques et les chefs traditionnels au Togo de 1960 à la fin du XXe siècle », *in* C.H. Perrot et F.-X. Fauvelle-Aymar (dir.), Le retour des rois. Les autorités traditionnelles et l'État en Afrique contemporaine, *Paris, Karthala* : pp 97-110.

GBAGUIDI F., 1998. Forêts sacrées et conservation de la biodiversité dans le département de l'Ouémé au sud-est Bénin, thèse d'ingénieur agronome. FSA/UNB, 164 p.

GBANKOTO J.Y., 2005. Importance socio économique des essences médicinales ligneuses épargnées dans l'espace agricole de la Commune de Bassila. Mémoire de DESS/FSA/UAC: 60 p.

GEORGE P., 1974. Dictionnaire de la géographie, presses Universitaires de France, 451 p.

GBINLO I., 2009. Inventaire et dynamique des forêts sacrées dans la Commune de Djidja. Mémoire de maîtrise de géographie, FLASH/ UAC, Bénin, 86 p.

GHIGLIONE R. & MATALON B., 1978. Les enquêtes sociologiques : théories et pratiques. Armand Colin, France, 296 p.

GIANNELLONI, J.-L. & VERNETTE E., 2001. Etudes de marché, 2e éd.Vuibert, Paris, 240 p.

GLELE KAKAÏ R. & BONOU W. 2010. Modélisation et interprétation des structures en diamètre et en hauteur des peuplements forestiers, note de recherche, FSA, UAC, Abomey-Calavi, 21 p.

GLIN, L. C. 2000. Pour une gestion participative durable des ressources naturelles au Bénin : étude de la viabilité des groupements forestiers de la forêt classée de Tchaourou-Toui-Kilibo.Thèse d'ingénieur agronome. FSA/UNB, Abomey-Calavi, Bénin, 123 p.

GUENEAU S., 2006. Le livre blanc sur les forêts tropicales: analyses et recommandations des acteurs français; IDDRI, Paris, 175 p.

GUINOCHET M., 1973. Phytosociologie. Ed. Masson & Cie, Paris, 227 p.

GUIONNET T., 2000. La forêt sacrée Godjin : Biodiversité et intérêts socioculturels. Mémoire ENGREF Nancy, 50 p.

HAMBERGER H., 2008. Les sites sacrés naturels au Togo de Sud-est. Cadre social et fonction fonction religieux. Rapport final IFB, halshs- 00346724, version 1-12 décembre 2008. 52 p.

HIERNAUX P. & LE HOUEROU H.N., 2006. Les parcours du Sahel. *Sécheresse*; **17** (1-2) : 51-71.

HOUINATO M R. B., 2001. Phytosociologie, écologie, production et capacité de charge des formations végétales pâturées dans la région des Monts Kouffè, Bènin. Thèse de doctorat es sciences. Université Libre de Bruxelles. Belgique. 219 p.

IBO J., 2005. Contribution des organisations non gouvernementales écologistes à l'aménagement des forêts sacrées en Côte d'Ivoire : l'expérience de la Croix Verta. *Vertigo- la revue électronique en sciences de l'environnement (Online), Volume 6 Numéro 1/ mai 2005,* consulté le 02 juillet 2014. *URL : http :// vertigo.revues.org/2813; DOI :* 10.400/vertigo.2813.

INSAE, 1988. Recensement Général de la Population et de l'Habitation (RGPH1). La population du Zou. Cotonou, Bénin, 40 p.

INSAE, 1994. Recensement Général de la Population et de l'Habitation (RGPH2). La population du Zou. Cotonou, Bénin, 45 p.

INSAE, 2004. Recensement Général de la Population et de l'Habitation (RGPH3). Résultats définitifs. Cotonou, Bénin, 203 p.

JACCARD P., 1901. Distribution de la flore alpine dans le basin des Dranes et dans quelques Régions voisines. *Bull. Soc. Vaudoises Sciences. Naturelles*, (37): 241-272.

JUHÉ-BEAULATON D. & ROUSSEL B., 1998. « A propos de l'historicité des forêts sacrées de l'ancienne Côte des Esclaves ». *In* CHASTANET M., *Plantes et paysages d'Afrique, une histoire à explorer.* Paris, Karthala, CRA : 353-382.

JUHÉ-BEAULATON D , 1999. « Arbres et bois sacrés : lieux de mémoire de l'ancienne Côte des Esclaves », *In* J.P. CHRÉTIEN & J.L. TRIAUD, *Histoire d'Afrique. Enjeux de mémoire*; Paris, Karthala : pp 101-118.

JUHÉ-BEAULATON D., 2003. Processus de réactivation de sites sacrés dans le Sud du Bénin. Publié dans M.GRAVARI-BARBAS & P. VIOLIER,2003, Lieux de culture, culture de lieux. Productions cultures locales et émergence des lieux : dynamique, acteurs, enjeux. Press Universitaires de Rennes : pp 67-79.

JUHÉ-BEAULATON D., 2006. Enjeux économiques et sociaux autour des bois sacrés et la «conservation de la biodiversité », Bénin, Burkina Faso et Togo », Actes de l'atelier IFB *Dynamique de la biodiversité et modalités d'accès aux milieux et aux ressources*, Fréjus 7-9 septembre 2005, Paris, IFB, pp 68-72.

JUHÉ-BEAULATON D., 2007. « Sacred forests and the global challenge of biodiversity conservation: the case of Benin and Togo » *Journal for the Study of Religion, Nature, and Culture)*, **1** (4) : 353-382.

KABORE A., 2010. Les stratégies communautaires d'adaptation au chaangement climatique : cas des bois sacrés dans l'aire socioculturelle Moaaga du Burkina- Faso. Thèse de doctorat en géographique de l'Université d'Abomey-Calavi au Bénin, 216 p.

KIANSI Y., 2011. Cogestion de la réserve de Biosphère de la Pendjari : Approche concertée pour la conservation de la Biodiversité et le développement économique local. Thése unique de doctorat, UAC- Bénin. 274 p.

KOKOU K, AFIADEMANYO K. & AKPAGANA K., 1999a. « Les forêts sacrées littorales du Togo : rôle culturel et de conservation de la biodiversité ». *Journal. Recherche. Sci. Univ. Bénin (TOGO)* , **3** (2) : 91-104.

KOKOU K., BATAWILA K, AKOEGNINOU A. & AKPAGANA K., 2000. Analyse morpho-structutrale et diversité floristique des îlots de forêt protégés dans la plaine côtière du sud du Togo. *Etudes flor.vég.Burkina-Faso* (5) : 33-48.

KOKOU K., ADJOSSOU K. & HAMBERGER K, 2005. « Les forêts sacrées de l'aire *ouatchi* au sud-est du Togo et les contraintes actuelles des modes de gestion locale des ressources forestières » *Vertigo, La revue en sciences de l'environnement*, **6** (3) : décembre 2005. 24 p.

KOKOU K., BATAWAILA K., AKOUEGNINOU A. & AKPAGANA K., 2000. Analyse morpho-structurale et diversité floristique des îlots de forêts protégées dans la plaine côtière du sud du Togo. *Etudes flor.veg. Burkina Faso*, (5) : 33-48.

KOKOU K. & SOKPON N., 2006. Les forêts sacrées du couloir du Dahomey. *Revue.bois et forêts des tropiques*, 2006, **2** (288) : 15- 23.

KOKOU K. & CABALLE G., 2005. Climbers in forest fragments in Togo. pp.107-120. *In Forest Liana of West Africa : diversity, ecology and management*. Bongers, F./ Parren, M.P.E./ Traoré, D. (eds.) CABI Publishing, Oxford, UK, 288 pp. ISBN 085199914X.

KOKOU K. & KOKUTSE, A.D., 2006. Rôle de la régénération naturelle dans la dynamique actuelle des forêts sacrées littorales du Togo. *Phytocoenologia* **2** (36) : 403-419.

KOKOU K. & KOKUTSE, A.D., 2010. Des forêts sacrées , dans la région du littoral très anthropisée du Sud-Togo, dans des Forêts sacrées et sanctuaires boisés des créations culturels et biologiques (Burkina- Faso, Togo, Bénin *Edition Karthala* pp 91-122.

LAROUSSE P., 2010. Le petit Larousse illustré , Paris, 1856 p.

LAWIN D., 2012. Fragmentation des écosystèmes forestiers : Structure et rôle des bosquets dans la conservation de la biodiversité dans la Commune de Ouaké. Mémoire de DESS en Aménagement et Gestion des Ressources Naturelles, FSA, Université de Parakou, 170 p.

LEARNED E. P., CHRISTEN C. R., ANDREWS K. R., GUTH W. D., 1965. Business Policy, text and cases, R. Irwin.

LE BARBE L., LEBEL T. & TAPSOBA D., 2002. Rainfall Variability in West Africa during the years 1950-1990. J.climate. (15) : 187 -202.

LEBEL F., DEBAILLEUIL G., SAMBA A; N. & OLIVIER A., 2002. La contribution des produits forestiers non ligneux à l'économie des ménages dans la région de thiès au Sénégal, 2ᵉ atelier régional sur les aspects socio économiques de l'agroforesterie au Sahel, 4-6 MARS 2002, Bamako, Mali. Compte rendu, décembre 2003, pp 20-23.

LEJOLY J. & RICHEL T., 1997. Codification de la flore d'Afrique occidentale. Laboratoire de Botanique Systématique et de phytosociologie, Université Libre de Bruxelles, 94 p.

LIBERSKI-BOUGNOUD.,FOURNIER A., NIGNAN S., 2010. Les ''bois sacrés'' faits et illusions à, propos des santuaires boisés des Kasena (Burkina Faso, dans forêts sacrées et sanctuaires boisés des créations culturelles et biologiques (Burkina-Faso). Bénin *Edition Karthala pp.59-90*.

LUCENA, R. F., ARAU`JO, E. L. De P. & t Albuquerque, U. P., 2007. Est-ce que la disponibilité locale des usines boisées de Caatinga (Brésil du nord-est) explique leur valeur d'utilisation Botanique Économique, (61) : 347 –361.

LUKETA H., 2003. Forêts sacrées et conservation de la biodiversité en Afrique centrale : cas de la RDC, Canada, 022S-A3, 186 p.

LOKOHOUNDE M.P.,2002. Diversité des ressources forestières elémentaires végétales de la forêt classée des Trois Rivières et leur contribution à l'économie locale. Thèse d'Ingénieur Agronome. FSA/UAC, 104 p.

MAIRIE DE DANGBO, 2005. Plan de Développement Communal de la Commune de Dangbo 86 p.

MASHARABU T., NORET N., LEJOLY J., BIGENGAKO M –J. & BOGAERT J., 2010. Etude comparative des paramètres floristiques du Parc National de la Ruvubu au Burundi. *GEO – ECO – TROP*, 34 : 29 – 44.

MBAYNGONE E., THIOMBIANO A., HAHN-HADJALI K. & GUINKO S., 2008. Struture des ligneux des formations végétales de la réserve de Pama (Sud-Est du Burkina-Faso, Afrique de l'Ouest). *Flora et Vegetation Soudano-Sambesica*, (11) : 25-34.

MCCUNE B. & MEFFORD M. J., 1999. Pc-ord. Multivariate analysis of ecological data, version 4. MjM Software Design, Gleneden Beach, OR, US.

MCCUNE B. & GRACE J.B., 2002. Analysis of Ecological Communities. MjM software Design, Gleneden Beach, 300 p.

MESSAOUDENE M., LARIBI M., DERRIDJ A., 2007. Etude de la diversité floristique de la forêt de l'AKFADOU (Algérie), n°291 (1) pp 75-81.

MINGA MINGA D., 2000. Impact de l'exploitation du Rotang sur la préservation des forêts périphériques de Kinshasa. Kinshasa : UNIKIN. Rapport, 71 p.

MULINDABIGWI V., 2005. Influence des systèmes agraires sur l'utilisation des terroirs, la séquestration du carbone et la sécurité alimentaire dans le bassin versant de l'Ouémé supérieur au Bénin. Thesis, Institut für Gartenbauwissenschaft, Rhenischen Friedrich-Willem-Universität, Bonn, 253 p.

NATTA A.K., 2003. Ecological assessment of riparian forests in Bénin: phytodiversity, phytosociology and spatial distribution of trees species. Ph.D. Thesis, Wageningen University, 215 p.

NGUENANG G.M., FEDOUNG F E. & NKONGMENECK B.A., 2010. Importance des forêts secondaires pour la collecte des plantes utiles chez les Badjoué de l'est Cameroun. *Tropicultua*, **28** (4) : 238-245.

NEUENSCHWANDER P., SINSIN B. et GOERGEN G., 2011. Protection de la nature en Afrique de l'Ouest. Une Liste Rouge pour le Bénin. *International Institute of Tropical Agriculture* (IITA), 265 p.

OGOUWALE E., 2006. Changements climatiques dans le Bénin méridional et central : indicateurs, scénarios et prospective de la sécurité alimentaire. Thèse de Doctorat, Université d'Abomey-Calavi, Cotonou, Bénin, 302 p.

OMS, 2002. Stratégie pour la Médecine Traditionnelle pour 2002-2005.

OREKAN V. O. A., 2007. Implementation of the local land-use and land-cover change model CLUE-s for Central Benin by using socio-economic and remote sensing data. Dissertation, University of Bonn, 230 p.

ORTHMANN B., 2005. Vegetation ecology of a woodland-savanna mosaic in central Benin (West Africa): Ecosystem analysis with a focus on the impact of selective logging Dissertation, University of Rostock, 148 p.

OUEDRAOGO A., 2006. Diversité et dynamique de la végétation ligneuse dans la partie orientale du Burkina Faso. Thèse de doctorat, Université de Ouagadougou, Burkina Faso, 230 p.

OUMOROU M., 2003. Etude écologique, floristique, phytosociologique et phytogéographique des inserlbergs du Bénin. Thèse de doctorat. Fac. Sc., Lab. Bot. Syst. & Phyt., Université. Libre de. Bruxelles, 210 p.

OURAB N, ACHIR M, KHETTAL N, GOUMIRI K, SMARA Y., 2003. Application à l'analyse multirésolution et des méthodes floues pour la fusion et la classification des images satellitaires. *Télédétection*, 3 (1) : 17-31.

OYEDE L. M., 1991. Dynamique sédimentaire actuelle et messages enrégistrés dans les séquences quartenaires et néogènes du domaine margino littoral du Bénin (l'Afrique de l'Ouest). Thése présentée pour l'obtention du doctorat en géologie sédimentaire, nouveau régime. Université de Bourgogne, Paris, 302 p.

PADECOM, 2011. Projet D'Appui à la Gestion Des Forêts Communales. Evaluation de la contribution des Forêts Sacrées à la conservation de la biodiversité végétale du Sud Bénin, Rapport d'étude 54 p + annexe.

PALATUCCI M & MITCHELL T.M., 2007. Classification in Very High Dimensional Problems with Handfils of Examples School of Computer Science, *carnegie Mellon University, Pittshwgh, Pennsylvania* **4702**, 2007 :. 212-223.

PARMENTIER I., STEVART T. & HARDY O. J., 2005. The inselberg flora of Atlantic Central Africa. Determinants of species assemblages. *Journal of biogeography*, (32) : 685 – 696.

PÉRÉZI, T.M., 2002. *Les pratiques locales de conservation de la biodiversité : cas des bois sacrés de la préfecture de la Kozah (Nord-Togo)*. Mémoire de DEA biologie de développement, option biologie végétale appliquée, Université de Lomé, 64 p.

PFSE, 2007. Projet de Fourniture de Services d'Energie. Méthodologie pour la Réalisation de l'Inventaire Ecologique et Forestier du Moyen Ouémè. Contrat N° 343/MDEF/MMEE/DNMP/SP du 15/09/2007, rapport final, 40 p +annexes.

PIELOU E.C., 1966. *Species diversity and pattern diversity in the study of ecological succession. J. Theor. Biol.* **10** : 370-383.

PISCES CONSERVATION LTD, 2002. Community Analysis Package (CAP), a program to search for structure in ecological community data, version 2.0. Pennington, England, IRC House.

PNUE, 2006. L'avenir de l'environnement en Afrique, Programme des Nations Unies pour l'Environnement, 542 p.

RAMADE F., 1987. Les catastrophes écologiques. McGraw-Hill, Paris, France, 318 p.

RAUNKIAER C., 1934. The life forms of plants and statistical plant geography. Clarendron press, Oxford 632 p.

RB (République du Bénin), 2010. Loi n° 2010-44 portant gestion de l'eau en République du Bénin, 23 p.

RB (République du Bénin), 1993. Loi n° 93-009 du 2 juillet 1993 portant régime des forêts en République du Bénin. DFRN, Cotonou, Bénin, 26 p.

RONDEUX J., 1999. La mesure des peuplements forestiers. Presses agronomiques de Gembloux, 2ème éd. Gembloux, 521 p.

SAGBO, G., 2012. Tradition und Entwicklungsprozesse in Benin, Peter Lang, 209 p.

SANGARE D., 2003. Etude de la prise en charge du paludisme par les thérapeutes traditionnels dans les aires de kendié (Bandiagara) et de Finkolo (Sikasso). Thèse de Doctorat, Université. Bamako, 115 p.

SHAHABUDDIN G. & PRASAD S., 2004. Assessing ecological sustainability of non- timber forest product extraction : *the Indian scenario. Conservation Society*, Vol2 (2) 256 -250 .

SHANNON CE. , 1948. *A mathematical theory of communications. Bell Syst. Techn. J.*, (27): 623-656.

SIMPSON E.H., 1949. Measurement of diversity. Nature (163): 688 p.

SINANDOUWIROU T., 1997. Forêts sacrées et conservation de la biodiversité dans le département de l'Atlantique. Thèse d'ingénieur agronome, FSA, Université national du Bénin, 160 p.

SINSIN B. & WOTTO J., 2003. Changes in floristic composition of grazing land in northern Sudanian zone (Benin). *In : Allsopp N.*, Palmer A.R., Milton S.J., Kirkman K.P., KERLY G.I.H., HURT C.R. & BROWN C.J. (eds.) Rangelands in the new millenium, VIIth International Rangeland Congress, Durban South Africa, 26 July – 1 August 2003, pp 402-404. ISBN 0-958-45348-9. *African Journal of Range & Forage Science*, **20** (2) : 89-100.

SINSIN B., ASSOGBADJO A., ADOMOU A., LOUGBEGNON T., FANDOHAN B., 2011. Monographie des sites identififiés d'aire de conservation communautaire de la biodiversité et elaboration de la strategie du gel du foncier. LEA, 57 p.

SINSIN B., ATTIGNON S.E., LACHAT T., PEVELLING R. & NAGEL P., 2003. La forêt de Lama au Bénin : un écosystème menacé sous la loupe. *Opuscula Biogeographica Basileensia* (Suisse) **3** : 1-32.

SINSIN B., 1993. Phytosociologie, écologie, valeur pastorale, production et capacité de charge des pâturages naturels du périmètre de Nikki-Kalalè au Nord du Bénin. Thèse de doctorat es sciences. Université Libre de Bruxelles. Belgique 392 p.

SINSIN B. & KAMPMANN D., 2010. Atlas de la diversité de l'Afrique de l'ouest, druckerie Grammlish, Piezhausen, Germany, 726 p.

SINTONDJI L.O.C., 2005. Modelling the rainfall-runoff process in the Upper Ouémé catchment (Terou in Bénin Republic) in a context of global change: extrapolation from the local to the regional scale. Dissertation, University of Bonn: 205 p.

SINSIN B., 2007. Cours de DEA sur la méthode d'étude de la diversité biologique, 10 p.

SODHI N. S., LEE T. M., KOH L. P. & BROOK B. W., 2009. A meta-Analysis of the impact of anthropogenic forest disturbance on Southeast Asia's Biotas. *Biotropica*, **41** (1): 103-109.

SOKPON N & AGBO V., 1999. « Sacred groves as tools for indigenous forest management in Benin ». *Annales des Sciences Agronomiques Université. Naturelle du Bénin* (1) : 162 -175.

SOKPON N. & AGO E., 2001. Sacralisation et niveau de maturation des forêts denses-décidues du plateau d'Adja au Sud-Ouest du Bénin. Journal.Recherche.Sciences.Université de Lomé (Togo), 2001, **5** (2): 319-331.

SOKPON N., 1995. Recherches écologiques sur la forêt dense semi -décidue de Pobè, Sud-est Bénin. Belgique. *Journal. Botanique.* **128** (1): 13 - 32.

SOKPON N., AMETEPE A., AGBO V., 1998. Forêts sacrées et conservation de la biodiversité au Bénin: Cas du plateau Adja au Sud-ouest du Bénin. *Anales des sciences Agronomiques du Bénin*, pp 47-64.

SORENSEN T., 1948. A method of establishing groups of aqual amplitude in plant sociology based on similarity of species content and its application to analyses of the vegetation on Danish common. Kong. Danske videns. Selskob biolg. Sckr., Kjöbenhavn (4) : 1-34.

SOUNON BOUKO B., SINSIN B. & GOURA SOULE B., 2007. Effets de la dynamique d'occupation du sol sur la structure et la diversité floristique des forêts claires et savanes au Bénin. *Tropicultura*, **25** (4): 221-227.

SOW M., 2001. "Rôle des structures traditionnelles dans la valorisation de la biodiversité en Guinée » in Pratiques culturelles, la sauvegarde et la conservation de la biodiversité en Afrique de l'Ouest et du centre. Actes du séminaire atelier de Ouagadougou (BF) du 18 au 21 juin 2001.

SOWADOGO M., 2004. Contribution à la définition des impacts du processus de dégradation du bassin versant du Kou sur la forêt classée du Kou. Proposition d'un schéma de restauration. Mémoire de fin de cycle du diplôme d'inspecteur des eaux et forêts. 88 p. + annexes.

SWAMY, P.S., KUMAR, M., SUNDARAPANDIAN, S.M., 2003. Spirituality and ecology of sacred groves in Tamil Nadu, India. Unasylva 213, vol 54, 53-58.

TAGNE KOMMEGNE S.C. 2008. Gestion durable des ressources naturelles en Afrique Centrale : cas des produits forestiers non ligneux au Cameroun et au Gabon, Université de Lomoges. Master II en droit international et comparé de l'environnement, URL : http ://www.memoireoline.com.

TCHAMIÈ T.T.K., 2000. « Evolution de la flore et de la végétation des bois sacrés des massifs Kabiyè et des régions environnantes (Togo) ». LEJEUNIA Revue de Botanique, Nlle. Serie 64.

TCHATAT M. & NDOYE O., 2006. Etude des produits forestiers non ligneux d'Afrique centrale: réalités et perspectives. Yaoundé cameroun : pp 27-39.

TCHOUKPENI D.M., 1995. Les forêts sacrées du Bénin : Approches traditionnelles de la gestion des ressources forestières. Etude de cas de quelques forêts naturelles du Département de l'Atlantique (République du Bénin). Thèse d'ingénieur agronome. FSA/UNB, Bénin, 115 p.

TENTE A. B.H.& GIBIGAYE M., 2011. État actuel des forêts sacrées du Sud Bénin et facteurs explicatifs de leur dégradation: cas des arrondissements de Zinvié et Kpanroun. IMO-IRIKISI Vol 3, N°1, 1er Semestre 2011, FLASH-UAC.53-63.

TENTE A.B.H., 2009. Problématique de gestion des lieux sacrés inclus dans les aires protégées d'état. Revue en Sc de l'environnement.Tome (2) 7-20.

TENTE B., 2005. Recherche sur les facteurs de la biodiversité floristique des versants du massif de l'Atacora : Secteur Perma-Toucountouna (Bénin). Thèse de doctorat UNB, 246 p.

TOKO I.I, 2008. Etude de la variabilité spatiale de la biomasse herbacée, de la phénologie et de la structure de la végétation le long des toposéquences du bassin supérieur du fleuve Ouémé au Bénin. Thèse de doctorat unique de l'université d'Abomey-calavi, 241 p.

TOKO I. I., AROUNA O. & SINSIN B. 2010. Cartographie des changements spatio-temporels de l'occupation du sol de la forêt classée de l'Alibori Supérieur au Nord-Bénin. In BenGéo., 7 : 22-39.

TOYI M., 2005. Les principales espèces végétales utilisées dans la médicine traditionnelle dans la Commune de Pehunco: Mode d'exploitation, Abondance et dynamique de régénération. Mémoire du DIT/EPAC/UAC. Bénin. 132 p + annexes.

UICN- PACO, 2009. Les aires communautaires en Afrique de l'Ouest. Quelle contribution à la conservation. Etude du PAPACO, N°1, 64 P+ annexes.

VIHOTOGBE R., 2001. Diversité biologique et potentialities socioéconomiques des Ressources Alimentaires Végétales (RAV) de la forêt de Pobè et de ses Zones connexes. Thèse d'Ingénieur Agronome, FSA/UAC, 103 p.

VODOUNOU K.B. J., 2010. Les systèmes d'exploitation des ressources naturelles et leurs impacts sur les écosystèmes dans le bassin de la Sô au Bénin-Afrique de l'Ouest. Thèse de Doctorat, Université de Lomé, Togo, 308 p.

WALA K., 2004. La végétation de la chaîne de l'Atacora au Bénin : Diversité floristique,phytosociologique et impact humain. Thèse de l'Université d'Abomey-calavi, 115 p.

WHITE F., 1983. The vegetation of Africa, a descriptive memoire to other phyto accompany the UNESCO/AETFA/UNSO.UNESCO, Natural Ressources Research, Vol. 20: 1-356.

WHITE F., 1986, *La végétation d'Afrique. Mémoire accompagnant la carte de végétation de l'Afrique.*UNESCO/AETFA/UNSO.

WITTI R., HAHN-HADJALI K., KROHMER J. , & SIEGLSTETTER R. , 2002. La végétation actuelle des savanes du Burkina-Faso et du Bénin-sa signification pour l'homme et la modification de celle-ci par l'homme. *Etude flor. Veg Burkina- Faso* **7**: 3-16.

WITTIG R., HAHN-HADJALI K. & THIOMBIANO A., 2000. Les particularités de la végétation et de la flore de la chaîne du Gobnangou dans le Sud-Est du Burkina Faso. *Etude flor. vég. Burkina Faso*, **5** : 49-64.

WOLTER B., 1993. Etude des possibilités techniques, économiques et financières d'un aménagement des forêts tropicales denses humides de la cuvette centrale du Zaïre. Base sur ses capacités naturelles. Dissertation présentée en vue de l'obtention du grade de Docteur en Sciences Agronomiques.

WEBOGRAPHIE

http : // www. Génie écologique. Fr / index. Htm. Consulté le mardi 21 Novembre 2010 à 15H 23 mn.

CERGET web, accès le 22 Novembre 2010 Juillet à 10H 15 mn : www.cerget.org.

CMS web site, accès le 23 Décembre 2010 à 19H 06 mn : www.cms.int/about/intro.htm.

IUCN Red List, accès le 27 Décembre 2010 à 11H 33 mn : www. Iucnredlist. Org/ search/ details. Php/421/sum.

CMS web site, accès le 23 Décembre 2010 à 19H 06 mn: www.cms.int/about/intro.htm.

WWW.Google.fr

http : // www. Génie écologique. Fr / index. Htm. Consulté le mardi 21 Novembre 2010 à 15H 23 mn.

CERGET web, accès le 22 Novembre 2010 Juillet à 10H 15 mn : www.cerget.org.

IUCN Red List, accès le 27 Décembre 2010 à 11H 33 mn : www. Iucnredlist. Org/ search/ details. Php/421/sum.

ANNEXES

Annexe I : Publications et participation au rendez – vous scientifiques

✓ **Publications**

1- TENTE B., **ALI R. K. F. M.** & SINSIN B., 2011. Caractérisation morphologique des espèces végétales ligneuses des forêts sacrées de la Commune de Dangbo. *J. Rech Sci. Univ. Lomé (Togo), serie B*, 13 (1) : 99 – 108.

2- TENTE Brice, ODJOUBERE Jules, **ALI Rachad K. F.M.** & SINSIN Brice, 2011. Effets de l'exploitation de la carrière de sable continental sur le couvert végétal dans la Commune de Ouidah au Bénin. *IMO – IRIKISI Vol. 3, N° 2, 2è Semestre 2011, FLASH* - UAC, pp 86 – 94.

3- **ALI Rachad K. F. M.**, ODJOUBERE Jules., BAGLO A. Marcel & TENTE Brice., 2012. Diversité ethnobotanique des espèces végétales médicinales utilisées dans les forêts sacrées et communautaires de la Basse vallée de l'Ouémé en RB. *Mélanges Mac*, ISBN 978 – 99919- 867-2-2 : 4ème trimestre 2011 BN : 209 – 222.

4- BAGLO A. M, **ALI R K.F. M** .,ODJOUBERE J & TENTE B., 2012. Contribution des lieux de culte traditionnel a la conservation des espèces végétales dans la ville de Porto-Novo. *Revue semestrielle de Géographie du Bénin*, ISSN 1840-5800 (12) : 192- 205.

5. **ALI R. K.F.M.**, TENTE B., ODJOUBERE J., & SINSIN B., 2012. Diversité floristique des espèces végétales ligneuses des forêts sacrées de la Commune de Dangbo. *Actes du 3ème colloque des sciences, cultures et technologies de l'UAC* : 205 – 219.

6- GNELE José E., ODJOUBERE Jules, **ALI Rachad K. F. M.**, TENTE Brice H. A., 2012. Aménagement participative et Gestion des plantations domaniales de la forêt classée de Tchaourou – Toui – Kilibo (TTK) au Bénin : Bilan et Perspectives. *Revue de Géographie du Bénin* Université d'Abomey-Calavi (Bénin) (12) : 20 – 40.

7- ODJOUBERE Jules, **ALI Rachad. K. F. M.**, TENTE Brice., SINSIN Brice., 2013. Effets de la carbonisation sur les espèces végétales ligneuses de Okouta-Ossé, un village situé dans la zone Tampon au sud de la forêt classée des Monts –Kouffè au Bénin. *Les Cahiers du CBRST*, (4) :107-126.

8 – TENTE Agossou Hugues Brice, **ALI Rachad Kolawolé Foumilayo Mandus**, ODJOUBERE Jules, 2013. État des plantations de trois rues de la ville de Ouidah (Bénin). *Revue de Géographie de l'Université de Ouagadougou*, N°002 – Septembre 2013, pp 1- 17.

9 - AJAVON Yves Césaire, **ALI Rachad Kolawolé Founmilayo**, ODJOUBERE Jules et TENTE Brice, 2013. Effets environnementaux et socioéconomiques de la production du bois énergie sur la forêt classée de Toui – Kilibo. *Revue de Géographie du Bénin Université d'Abomey-Calavi (Bénin)* N°14, décembre 2013, pp.39 – 55.

10 - ODJOUBERE J., **ALI R . K. F. M.** & TENTE B 2013. Concassage de granite et dégradation de l'environnement dans la Commune de Bantè (Bénin). Annales de la Faculté des Lettres, Arts et Sciences Humaines N° 19, ISSN 1840 – 510 : pp 217 – 234.

11- **ALI Rachad K. F. M.**, ODJOUBERE Jules., TENTE Brice. & SINSIN Brice., 2014. Caractérisation floristique et analyse des formes de pression sur les forêts sacrées et communautaires de la basse vallée de l'Ouémé au Sud –Est du Bénin. *Afrique science. Revue internationationales des sciences et technologies*, 1 mai 2014, http://www.afriquescience.info/document.php, id = 3458. ISSN 1813-548X.

12 - **ALI R. K. F. M.**, ODJOUBERE J. & TENTE B. Utilités de *Prosopis africana* (Guill. et Perr.)Taub Leguminosae-Mimosoideae dans la Commune de Za-kpota au Bénin. *J. Rech Sci. Univ. Lomé (Togo)*, en COURS.

✓ **Participation au x rendez – vous scientifiques**

1- Participation au 3ème colloque de l'UAC des sciences, cultures et technologies qui a eu lieu du 6 au 10 juin 2011 au centre CIEVRA D'Akassato au Bénin.

2- Participation à la journée de réflexion scientifique organisée par l'Association des Pastoralistes (ABEPA) du Bénin en 2011 à l'ISBA.

3- Participation aux journées porte ouverte de la FLASH édition 2012.

4- Participation à la semaine scientifique organisée dans le cadre de la célébration de la journée de la renaissance de l'Afrique – Edition 2012.

5- Participation à la semaine scientifique organisée du 24 au 28 juin dans le cadre de la célébration de la journée de la renaissance de l'Afrique – Edition 2013.

6- Participation au 4ème colloque de l'UAC des sciences, cultures et technologies qui a eu lieu du 23 au 28 septembre 2013 sur le Campus Universitaire d'Abomey- calavi.

7- Participation aux rencontres scientifique en hommage à feu Augustin Lardja BARITSE organisées par le Laboratoire de Recherches Biogéographiques et d'Etudes Environnementales (LaRBE) du 6 au 8 juin 2013 à l'Université de Lomé.

Annexe II

Tableau I : Coordonnées des forêts étudiées dans la Commune de Dangbo

N°	ARRONDIS-SEMENTS	NOM DE LA FORET ET TYPOLOGIE	COORDONNEES GEOGRAPHIQUES	SUPERFICIIES INTACTES (Ha)	SUPERFICIES DEGRADEES (Ha)
1	Zounguè	Ninzoun/sacrée	X : 447353 Y : 730065	0,1	39,90
2	Késsounou	Gninzoun/sacrée	X : 445994 Y : 726629	2,10	0,50
3	Hozin	Gouzoun/sacrée	X : 451621 Y : 722661	0,20	0,10
4	Dangbo	Hèlozoun/communautaire	X : 449344 Y : 726269	0,40	0,10
5	Dangbo	Wéssiozoun/sacrée	X : 449605 Y : 727946	1,0	0,10
6	Hozin	Wanzoun/sacrée	X : 452460 Y : 721711	0,90	0,20
7	Dangbo	Dantizoun/sacrée	X : 452460 Y : 729468	1,0	0,20
8	Hozin	Lokozoun/sacrée	X : 450773 Y : 724340	0,16	0,04
9	Gbéko	Kpikpomanhougnoho/ Sacrée	X : 438972 Y : 732084	0,80	0,20
10	Gkéko	Hlèzoun/sacrée	X : 440161 Y : 732225	3,0	0,5
11	Gbéko	Guétozoun/sacrée	X : 438441 Y : 731626	9,0	0,10
12	Dèkin	Kpassizoun/sacrée	X : 441257 Y : 723390	11,0	0,90
13	Dangbo	Siligbozoun/sacrée	X : 449318 Y : 727958	3,50	0,40
14	Gbéko	Danvazoun/sacrée	X : 440067 Y : 732698	7,0	1,0
15	Zounguè	Ahouianzoun/sacrée	X : 448491 Y : 731108	00	0,50
16	Dangbo	Silicozoun/sacrée	X : 450798 Y : 723543	1,20	1,90
17	Dangbo	Akpamè/ communautaire	X : 450748 Y : 724404	00	2,80
TOTAL	17			41,36	49,44
TOTAL : I+ D				90,80	

Tableau II : Coordonnées des forêts étudiées dans la Commune de Adjohoun

N°	ARRONDIS-SEMENTS	NOM DE LA FORET ET TYPOLOGIE	COORDONNEES GEOGRAPHIQUES	SUPERFICIIES INTACTES (Ha)	SUPERFICIES DEGRADEES (Ha)
1	Dèmè	Vazoun/sacrée	X : 442761 Y : 738657	2,97	0,33
2	Adjohoun	Kingbèzoun/sacrée	X : 441973 Y : 741605	0,10	0,30
3	Azowlissè/Do	Lozoun/sacrée	X : 450385	0,25	0,05

			Y : 740146		
	ssivi				
4	Adjohoun	Bohouézoun/sacrée	X : 441776 Y : 741867	0,90	1,60
5	Dèmè	Kinsiézoun/sacrée	X : 442318 Y : 7740241	0,20	0,10
6	Azowlissè	Lozoun/sacrée	X : 443792 Y : 737094	00	0,20
7	Azowlissè/Ho uété	Lozoun/sacrée	X : 450287 Y : 738790	0,40	0,10
8	Dèmè	Sakpatazoun/sacrée	X : 442554 Y : 739449	0,15	0,05
9	Akpadanou	Kpinkonzoun/ Sacrée	X : 440896 Y : 748756	7,10	0,80
10	Dèmè	Wansiclouzoun/ communautaire	X : 447514 Y : 734457	0,10	0,10
11	Azowlissè	Lassozoun/sacrée	X : 447514 Y : 734457	0,10	0,10
12	Dèkin	Nankisèzoun/ communautaire	X : 443868 Y : 736792	00	3,9
TOTAL	12			12,27	9,39
TOTAL: I+ D				21,66	

Tableau II : Coordonnées des forêts étudiées dans la Commune de Bonou

N°	ARRONDIS-SEMENTS	NOM DE LA FORET ET TYPOLOGIE	COORDONNEES GEOGRAPHIQUES	SUPERFICIIES INTACTES (Ha)	SUPERFICIES DEGRADEES
1	Damè-Wogon	Gnanhouizoun/ Communautaire	X : 435028 Y : 764594	5,40	0,50
2	Bonou	Aizazoun/sacrée	X : 439845 Y : 764376	0,30	0,10
3	Damè-Wogon	Lozoun/sacrée	X : 435809 Y : 768053	0,45	0,15
4	Atchonsa	Djogbézoun/sacrée	X : 440871 Y : 757586	2,0	0,20
5	Bonou/ Agbona	Lozoun/sacrée	X : 444976 Y : 763630	0,40	0,10
6	Atchonsa	Lozoun/sacrée	X : 440819 Y : 757815	0,45	0,15
7	Bonou/ Atchabita	Lozoun/sacrée	X : 439553 Y : 762371	0,60	0,20
8	Bonou	Gbèvozoun/sacrée	X : 443091 Y : 765848	35,90	108,40
TOTAL	08			45,50	109,80
TOTAL: I+ D				155,30	

Tableau III : Coordonnées des forêts étudiées dans la Commune des Aguégués

N°	ARRONDIS-SEMENTS	NOM DE LA FORET ET TYPOLOGIE	COORDONNEES GEOGRAPHIQUES	SUPERFICIIES INTACTES (Ha)	SUPERFICIE S DEGRADEES
1	-	Bamèzoun/sacrée	X : 449180 Y : 723050	15,01	2,03
2	Avagbodji	Kodjizoun/sacrée	X : 450358 Y : 717875	6,96	2,06

TOTAL	02		23,03	4,09
TOTAL : I+ D				27,12

Tableau IV : Superficie par commune des forêts sacrées et communautaires

N°	COMMUNES	SUPERFICIE INTACTE	SUPERFICIE DEGRADEE	TOTAL/COMMUNE
1	DANGBO	41,36	49,44	90,80
2	ADJOHOUN	12,27	9,39	21,66
3	BONOU	45,50	109,80	155,30
4 4	AGUEGUES	23,03	4,09	27,12
5	TOTAL	122,16	172,72	294,88

TOTAL des forêts: 39 DISPARUES: 4 RESTANTES: 35

Annexes III : Fiche d'inventaire floristique

Fiche N°

Commune de :

Arrondissement :   Village :

N° du placeau :   Quartier :

Coordonnées du centre du placeau :

X =   Y=

Tableau v : Fiche d'inventaire floristique

Caractéristiques de la station	Code caractéristique de la station	Code choisi
Forme de relief	Crête = 1 Versant = 2 Vallée =3 Ravin =6 Replat =7	
Signes d'érosion	Sans = 0 Faibles = 1 Moyens = 2 Accentués =3	
Taux de couverture	< 25% = 1 25-50 % = 2 50-80 % = 3 > 80 % = 4	
Densité de peuplement ligneux	Peu dense = 1 moyennement dense = 2 très dense = 3	
Type de sol	Sableux = 1 limoneux = 2 Argileux = 3 Sablo-limoneux = 4 Argilo-limoneux = 5	
Signe de bœuf	Aucun = 0 Passage irrégulier =1 Passage régulier =3 Emondage = 4 Abreuvement = 5	
Signe des animaux sauvages	Aucun = 0 Passage irrégulier =1 Passage régulier =3 Préciser si possible les animaux qui passent	
Oiseaux	Aucun = 0 Passage irrégulier =1 Passage régulier =3 Préciser si possible les animaux qui passent	
Présence champ dans le placeau	Oui = 1 Non = 2	
Si oui type de champ	Manioc = 1 Mil = 2 Maïs =3 Patate= 4 Haricot=5 Voandzou= 6	
Champ proche du placeau	Oui = 1 Non = 2	
Si oui, préciser la distance et type de champ	Distance =	
Présence des infrastructures	Habitation= 1 atelier= 2 école= 3 église= 4 fétiche= 5 Préciser le nom de fétiche	
Passage de Feu	Aucun = 0 Passage régulier =1 Passage irrégulier =2	

ANNEXE IV: Résultats des tests d'ajustement Log-linéaire sur la distribution en diamètre des groupes de forêts fétiches. The CATMOD Procedure Maximum Likelihood Analysis of Variance

Groupe 1			
Source	DF	DF Chi-Square	Pr > ChiSq
Class	30*	.	.
Distr	1	0.00	0.9976
Class*Distr	24*	10.01	0.9945

Groupe 2			
Source	DF	DF Chi-Square	Pr > ChiSq
Class	27*	.	.
Distr	1	0.58	0.4446
Class*Distr	27*	10.78	0.9977

Groupe 3			
Source	DF	DF Chi-Square	Pr > ChiSq
Class	21*	.	.
Distr	1	0.00	1.0000
Class*Distr	26*	.	.

Groupe 4			
Source	DF	DF Chi-Square	Pr > ChiSq
Class	22*	.	.
Distr	1	1.45	0.2283
Class*Distr	24*	5.43	1.0000

Groupe 5			
Source	DF	DF Chi-Square	Pr > ChiSq
Class	23*	.	.
Distr	1	0.13	0.7200
Class*Distr	27*	.	.

Groupe 6			
Source	DF	DF Chi-Square	Pr > ChiSq
Class	27*	.	.
Distr	1	0.80	0.3697
Class*Distr	27*	.	.

Groupe 7			
Source	DF	DF Chi-Square	Pr > ChiSq
Class	25*	.	.
Distr	1	0.10	0.7513
Class*Distr	28*	.	.

Groupe 8			
Source	DF	DF Chi-Square	Pr > ChiSq
Class	26*	.	.
Distr	1	1.23	0.2668
Class*Distr	26*	5.54	1.0000

Forêts Sociétés secrètes.

Groupe 1			
Source	DF	DF Chi-Square	Pr > ChiSq
Class	19	280.01	<.0001
Distr	1	0.27	0.6031
Class*Distr	11*	6.17	0.8619

Groupe 2			
Source	DF	DF Chi-Square	Pr > ChiSq
Class	19	177.20	<.0001
Distr	1	0.11	0.7364
Class*Distr	10*	7.66	0.6620

Forêts Communautaires

Groupe 1			
Source	DF	DF Chi-Square	Pr > ChiSq
Class	36*	.	.
Distr	1	0.38	0.5381
Class*Distr	24*	12.1	0.9787

Groupe 2			
Source	DF	DF Chi-Square	Pr > ChiSq
Class	28*	.	.
Distr	1	0.04	0.8388
Class*Distr	31*	.	.

Groupe 3			
Source	DF	DF Chi-Square	Pr > ChiSq
Class	27*	.	.
Distr	1	0.14	0.7042
Class*Distr	28*	.	.

Groupe 4			
Source	DF	DF Chi-Square	Pr > ChiSq
Class	29*	.	.
Distr	1	0.01	0.9097
Class*Distr	26*	.	.

Groupe 5			
Source	DF	DF Chi-Square	Pr > ChiSq
Class	30*	.	.
Distr	1	0.01	0.9258
Class*Distr	12*	4.19	0.9797

ANNEXE V : Liste d'ensemble d'espèces caractéristiques des forêts fétiches

AR : Abondance relative ; FR : Fréquence relative ; IV : Valeur indicatrice

Groupes et faciès	G1			G2			G3			G4			G5			G6			G7			G8			P
Nombre de relevés	19			14			13			13			16			9			21			11			
Nombre d'espèces	71			51			66			57			51			41			79			62			
Espèces	AR	FR	VI	AR	FR	VI	AR	FR	VI	AR	FR	VI	AR	FR	VI	AR	FR	VI	AR	FR	VI	AR	FR	VI	
Sorindeia grandifolia Engl.	89	37	33	0	0	0	0	0	0	0	0	0	0	0	0	0	0	0	11	5	1	0	0	0	**0,0002**
Spathodea campanulata P. Beauv.	87	32	27	0	0	0	0	0	0	0	0	0	0	0	0	0	0	0	13	5	1	0	0	0	0,0005
Stachytarpheta indica (L.) Vahl	87	32	27	0	0	0	0	0	0	0	0	0	0	0	0	0	0	0	13	5	1	0	0	0	0,0008
Sphenocentrum jollyanum Pierre	87	32	27	0	0	0	0	0	0	0	0	0	0	0	0	0	0	0	13	5	1	0	0	0	0,001
Secamone afzelii (Schult.) K. Schum.	74	32	23	0	0	0	0	0	0	0	0	0	0	0	0	0	0	0	11	5	1	0	0	0	0,0026
Talinum triangulare (Jacq.) Willd.	85	26	22	0	0	0	0	0	0	0	0	0	0	0	0	0	0	0	15	5	1	0	0	0	0,0027
Panicum maximum Jacq.	100	21	21	0	0	0	0	0	0	0	0	0	0	0	0	0	0	0	0	0	0	0	0	0	0,0044
Schrankia leptocarpa DC.	70	26	19	0	0	0	0	0	0	0	0	0	0	0	0	0	0	0	13	5	1	0	0	0	0,0118
Strophanthus hispidus DC.	68	26	18	0	0	0	20	8	2	0	0	0	0	0	0	0	0	0	12	5	1	0	0	0	**0,0175**
Terminalia glaucescens Planch. ex Benth.	100	16	16	0	0	0	0	0	0	0	0	0	0	0	0	0	0	0	0	0	0	0	0	0	0,0252
Anthocleista djalonensis A. Chev.	0	0	0	75	50	37	12	8	1	0	0	0	0	0	0	0	0	0	0	0	0	14	9	1	0,0002
Abrus precatorius L.	0	0	0	100	36	36	0	0	0	0	0	0	0	0	0	0	0	0	0	0	0	0	0	0	0,0002
Ageratum conyzoides L.	0	0	0	100	36	36	0	0	0	0	0	0	0	0	0	0	0	0	0	0	0	0	0	0	0,0002
Alchornea cordifolia (Schumach. & Thonn.) Müll. Arg.	0	0	0	100	36	36	0	0	0	0	0	0	0	0	0	0	0	0	0	0	0	0	0	0	0,0003
Anchomanes difformis (Blume) Engl.	0	0	0	100	36	36	0	0	0	0	0	0	0	0	0	0	0	0	0	0	0	0	0	0	0,0005
Baissea zygodioides (K. Schum.) Stapf	0	0	0	72	43	31	13	8	1	0	0	0	0	0	0	0	0	0	0	0	0	15	9	1	0,0002
Andropogon gayanus Kunth var. bisquamulatus (Hochst.) Hack.	0	0	0	82	36	29	18	8	1	0	0	0	0	0	0	0	0	0	0	0	0	20	9	2	0,0006
Acacia erythrocalyx Brenan	0	0	0	80	36	28	0	0	0	0	0	0	0	0	0	0	0	0	0	0	0	20	9	2	0,0004
Acalypha ciliata Forssk.	0	0	0	80	36	28	0	0	0	0	0	0	0	0	0	0	0	0	0	0	0	20	9	2	0,0004
Aframomum sceptrum (Oliv. & D. Ranh.) K. Schum.	0	0	0	80	36	28	0	0	0	0	0	0	0	0	0	0	0	0	0	0	0	20	9	2	0,0004
Bombax buonopozense P. Beauv.	0	0	0	62	36	22	13	8	1	0	0	0	0	0	0	0	0	0	0	0	0	16	9	1	**0,0031**
Chassalia kolly (Schumach.) Hepper	0	0	0	63	21	14	0	0	0	23	8	2	0	0	0	0	0	0	0	0	0	14	9	1	**0,0374**
Cassytha filiformis L.	0	0	0	0	0	0	100	69	69	0	0	0	0	0	0	0	0	0	0	0	0	0	0	0	0,0001
Capsicum annuum L.	0	0	0	0	0	0	100	62	62	0	0	0	0	0	0	0	0	0	0	0	0	0	0	0	0,0001
Carpolobia lutea G. Don	0	0	0	0	0	0	100	62	62	0	0	0	0	0	0	0	0	0	0	0	0	0	0	0	**0,0001**
Cassia tora L. (Fride Lock)	0	0	0	0	0	0	88	54	47	13	8	1	0	0	0	0	0	0	0	0	0	0	0	0	0,0001
Calotropis procera (Aiton) W.T. Aiton	0	0	0	0	0	0	91	46	42	0	0	0	0	0	0	0	0	0	0	0	0	0	0	0	0,0001
Caloncoba echinata (Oliv.) Gilg	0	0	0	12	7	1	79	46	37	0	0	0	0	0	0	0	0	0	0	0	0	0	0	0	**0,0001**
Citrullus lanatus (Thunb.) Matsum. & Nakai	0	0	0	0	0	0	0	0	0	83	62	51	0	0	0	0	0	0	8	5	0	0	0	0	0,0001
Citrus aurantifolia (Christm. & Panzer) Swingle	0	0	0	0	0	0	0	0	0	91	46	42	0	0	0	0	0	0	6	5	0	0	0	0	0,0001
Clausena anisata (Willd.) Hook. f. ex Benth.	0	0	0	0	0	0	0	0	0	91	46	42	0	0	0	0	0	0	9	5	0	0	0	0	**0,0001**
Cnestis ferruginea Vahl ex DC.	0	0	0	0	0	0	0	0	0	91	46	42	0	0	0	0	0	0	9	5	0	0	0	0	0,0001
Crateva adansonii DC. ssp. adansonii	0	0	0	0	0	0	0	0	0	91	46	42	0	0	0	0	0	0	9	5	0	0	0	0	0,0001
Croton lobatus L.	0	0	0	0	0	0	0	0	0	86	46	40	0	0	0	0	0	0	9	5	0	0	0	0	0,0001
Celtis prantlii Priemer ex Engl.	0	0	0	0	0	0	0	0	0	86	46	40	0	0	0	0	0	0	9	5	0	0	0	0	**0,0001**
Cissus gracilis (Guill & Perr.)	0	0	0	0	0	0	0	0	0	86	46	40	0	0	0	0	0	0	9	5	0	0	0	0	0,0001
Connarus africanus Lam.	0	0	0	0	0	0	0	0	0	81	46	37	11	6	1	0	0	0	8	5	0	0	0	0	0,0001
Petiveria alliacea L.	0	0	0	0	0	0	0	0	0	0	0	0	100	56	56	0	0	0	0	0	0	0	0	0	0,0001
Piliostigma thonningii (Schum) Milne-Redh	0	0	0	0	0	0	0	0	0	0	0	0	100	56	56	0	0	0	0	0	0	0	0	0	0,0001
Periploca nigrescens Afzel.	0	0	0	0	0	0	0	0	0	0	0	0	100	50	50	0	0	0	0	0	0	0	0	0	0,0001

Synoptic table of constancy and fidelity values (significance column at right). Blank cells denote absence (0).

Species	G1a	G1b	G1c	G2a	G2b	G2c	G3a	G3b	G3c	G4a	G4b	G4c	Sig.
Pierreodendron kerstingii (Engl.) Little													**0,0001**
Paullinia pinnata L.	100	100	50										0,0001
Piper guineense Schumach. & Thonn.	87	50	50										**0,0001**
Pleiocarpa pycnantha (K. Schum.) Stapf	85	44	44										0,0001
Pleioceras barteri Baill.	74	38	37										0,0009
Plumbago zeylanica L.	72	31	28										0,0026
Oxytenanthera abyssinica (A. Rich.) Munro	69	31	22										0,0031
Vernonia colorata (Willd.) Drake													0,0001
Xylopia aethiopica (Dunal) A. Rich.													0,0001
Zanthoxylum leprieurii Guill. & Perr.				91	89	81							**0,0001**
Uvaria chamae P. Beauv.				82	78	64							0,0001
Zanthoxylum zanthoxyloides (Lam.) Zepernick & Timler				90	67	60							0,0001
Triplochiton scleroxylon K. Schum.				88	67	59							**0,0015**
Trichilia subcordata Oliv.				70	56	39							0,0049
Trichilia prieureana A. Juss				60	33	26							0,0494
Hoslundia opposita Vahl							100	38	38				0,0001
Hymenocardia acida Tul.							100	38	38				0,0001
Icacina trichantha Oliv.							100	38	38				**0,0001**
Ipomoea aquatica Forssk.							100	38	38				0,0002
Hibiscus surattensis L.							100	38	33				0,0003
Ficus umbellata Vahl							100	33	33				0,0001
Glyphaea brevis (Spreng.)							100	33	33				0,0001
Erythrina senegalensis DC.							81	33	27				0,0005
Irvingia gabonensis (Aubry-Lecomte ex O'Rorke) Baill.							79	33	26				0,0021
Dissotis fruticosa (Brenan)							65	29	19				0,0057
Dracaena surculosa Lindl. var. surculosa							65	29	19				**0,0057**
Markhamia tomentosa (Benth.) K. Schum. ex Engl.										90	82	73	0,0001
Mitragyna inermis (Willd.) Kuntze										94	73	68	0,0001
Maranthes robusta (Oliv.) Prance ex F.White										88	73	64	**0,0001**
Momordica charantia L.										84	55	46	0,0001
Mallotus oppositifolius (Geisel.) Müll.Arg. var. oppositifolius										74	55	40	**0,0001**
Kigelia africana (Lam.) Benth.										60	36	22	0,0032
Lannea nigritana (Scott-Elliot) Keay										54	36	19	0,0053

ANNEXE VI : Liste d'ensemble d'espèces caractéristiques des forêts de sociétés secrètes
AR : Abondance relative ; FR : Fréquence relative ; IV : Valeur indicatrice

Groupes et faciès	G1			G2			P
	G2	G3		G4	G5		
Nombre de relevés	9			5			
Nombre d'espèces	61			34			
Espèces	AR	FR	VI	AR	FR	VI	
Vaacanga africana Stapf	100	22	22	0	0	0	0,4934
Acacia erythrocalyx Brenan	**100**	**22**	**22**	**0**	**0**	**0**	**0,496**
Acalypha ciliata Forssk.	100	22	22	0	0	0	0,496
Aframomum sceptrum (Oliv. & D. Ranb.) K. Schum.	100	22	22	0	0	0	0,496
Milicia excelsa (Welw.) C. C. Berg	**100**	**22**	**22**	**0**	**0**	**0**	**0,4976**
Anchomanes difformis (Blume) Engl.	100	22	22	0	0	0	0,5006
Andropogon gayanus Kunth var. bisquamulatus (Hochst.) Hack.	100	22	22	0	0	0	0,5006
Anthocleista djalonensis A. Chev.	100	22	22	0	0	0	0,5006
Baissea zygodioides (K. Schum.) Stapf	100	22	22	0	0	0	0,5006
Lonchocarpus sericeus (Poir.) Kunth	100	22	22	0	0	0	0,5008
Paullinia pinnata L.	100	22	22	0	0	0	0,5008
Ageratum conyzoides L.	100	22	22	0	0	0	0,5017
Alchornea cordifolia (Schumach. & Thonn.) Müll. Arg.	100	22	22	0	0	0	0,5017
Newbouldia laevis (P. Beauv.) Seemann ex Bureau	100	22	22	0	0	0	0,5022
Ficus exasperata Vahl	100	22	22	0	0	0	0,5147
Caloncoba echinata (Oliv.) Gilg	**0**	**0**	**0**	**100**	**80**	**80**	**0,0048**
Bombax buonopozense P. Beauv.	**0**	**0**	**0**	**100**	**60**	**60**	**0,025**
Borassus aethiopum Mart.	0	0	0	100	60	60	0,025
Bridelia ferruginea Benth.	0	0	0	100	60	60	0,025
Calotropis procera (Aiton) W. T. Aiton	0	0	0	100	60	60	0,0273

ANNEXE VII : Liste d'ensemble d'espèces caractéristiques des forêts communautaires

AR : Abondance relative ; FR : Fréquence relative ; IV : Valeur indicatrice

| Nombre de relevés | 9 | | | 16 | | | 22 | | | 9 | | | 5 | | | |
| Nombre d'espèces | 42 | | | 85 | | | 80 | | | 41 | | | 28 | | | |
Espèces	AR	FR	VI	AR	FR	VI	AR	FR	VI	AR	FR	VI	AR	FR	VI	VI
Celtis zenkeri Engl.	**80**	**44**	**36**	**11**	**6**	**1**	**8**	**5**	**0**	**0**	**0**	**0**	**0**	**0**	**0**	**0,0084**
Crateva adansonii DC. ssp. adansonii	100	33	33	0	0	0	0	0	0	0	0	0	0	0	0	0,016
Croton lobatus L.	100	33	33	0	0	0	0	0	0	0	0	0	0	0	0	0,016
Citrus aurantifolia (Christm. & Panzer) Swingle	100	33	33	0	0	0	0	0	0	0	0	0	0	0	0	0,0174
Dichapetalum madagascariense Poir.	88	33	29	0	0	0	12	5	1	0	0	0	0	0	0	0,0214
Dissotis fruticosa (Brenan)	88	33	29	0	0	0	12	5	1	0	0	0	0	0	0	0,0214
Trichilia prieureana A. Juss	**84**	**33**	**28**	**16**	**6**	**1**	**0**	**0**	**0**	**0**	**0**	**0**	**0**	**0**	**0**	**0,0367**
Dracaena surculosa Lindl. var. surculosa	100	22	22	0	0	0	0	0	0	0	0	0	0	0	0	0,0467
Erythrina senegalensis DC.	100	22	22	0	0	0	0	0	0	0	0	0	0	0	0	0,0467
Pouteria alnifolia (Baker) Roberty	100	22	22	0	0	0	0	0	0	0	0	0	0	0	0	0,0477
Connarus africanus Lam.	100	22	22	0	0	0	0	0	0	0	0	0	0	0	0	0,0489
Marcoxyphra longistyla (DC.) Hiern	83	22	18	0	0	0	17	5	1	0	0	0	0	0	0	0,08
Tabernaemontana pachysiphon Stapf	**0**	**0**	**0**	**100**	**19**	**19**	**0**	**0**	**0**	**0**	**0**	**0**	**0**	**0**	**0**	**0,0361**
Sphenocentrum jollyanum Pierre	0	0	0	80	19	15	20	5	1	0	0	0	0	0	0	0,0296
Calycobolus africanus (G. Don) Heine	**0**	**0**	**0**	**80**	**19**	**15**	**20**	**5**	**1**	**0**	**0**	**0**	**0**	**0**	**0**	**0,0211**
Trema orientalis (L.) Blume	0	0	0	100	13	13	0	0	0	0	0	0	0	0	0	0,2599
Carpolobia lutea G. Don	0	0	0	100	13	13	0	0	0	0	0	0	0	0	0	0,2631
Cassia tora L.(Fride Lock)	0	0	0	100	13	13	0	0	0	0	0	0	0	0	0	0,2631
Cassytha filiformis L.	0	0	0	100	13	13	0	0	0	0	0	0	0	0	0	0,2631
Oxytenanthera abyssinica (A. Rich.) Munro	0	0	0	100	13	13	0	0	0	0	0	0	0	0	0	0,2654
Passiflora foetida L.	0	0	0	100	13	13	0	0	0	0	0	0	0	0	0	0,2654

Species	1	2	3	4	5	6	7	8	9	10	11	12	p
Paullinia pinnata L.	0	0	100	13	0	0	0	0	0	0	0	0	0,2654
Jatropha gossypiifolia L.	0	0	100	13	0	0	0	0	0	0	0	0	0,2657
Acacia auriculiformis A. Cunn. ex Benth.	0	0	0	0	23	23	0	0	0	0	0	0	0,0722
***Baissea zygodioides* (K. Schum.) Stapf**	0	0	0	0	23	23	0	0	0	0	0	0	**0,0431**
Bridelia ferruginea Benth.	0	0	0	0	18	18	0	0	0	0	0	0	0,0666
***Caloncoba echinata* (Oliv.) Gilg**	0	0	0	0	18	18	0	0	0	0	0	0	**0,0466**
Blighia sapida König	0	0	0	0	18	18	0	0	0	0	0	0	0,068
Borassus aethiopum Mart.	0	0	0	0	18	18	0	0	0	0	0	0	0,0695
Xylopia aethiopica (Dunal) A. Rich.	0	0	0	0	0	0	100	44	44	0	0	0	0,0017
Vernonia colorata (Willd.) Drake	0	0	0	0	0	0	100	44	44	0	0	0	0,0023
Vitex doniana Sweet	0	0	0	0	0	0	100	44	44	0	0	0	0,0023
Diospyros mespiliformis Hochst. ex A. DC.	20	0	0	0	9	0	91	44	40	0	0	0	0,0032
Ageratum conyzoides L.	11	2	0	0	5	0	80	44	36	0	0	0	0,0045
***Zanthoxylum leprieurii* Guill. & Perr.**	0	0	0	0	0	0	100	33	33	0	0	0	**0,0157**
Zanthoxylum zanthoxyloides (Lam.) Zepernick & Timler	0	0	0	0	0	0	100	33	33	0	0	0	0,0157
Aframomum sceptrum (Oliv. & D. Ranb.) K. Schum.	0	0	0	0	0	0	100	33	33	0	0	0	0,0162
***Triplochiton scleroxylon* K. Schum.**	0	0	0	0	0	0	100	22	22	0	0	0	**0,0424**
Uvaria chamae P. Beauv.	0	0	0	0	0	0	100	22	22	0	0	0	0,0424
Abrus precatorius L.	0	0	0	0	0	0	100	22	22	0	0	0	0,0459
Acacia erythrocalyx Brenan	0	0	0	0	0	0	100	22	22	0	0	0	0,0459
Acalypha ciliata Forssk.	0	0	0	0	0	0	100	22	22	0	0	0	0,0459
***Nesogordonia kabingaensis* (K. Schum.)**	0	0	0	0	0	0	0	0	0	100	100	100	**0,0001**
Ocimum basilicum L.	0	0	0	0	0	0	0	0	0	100	100	100	0,0001

Moringa oleifera Lam.	0	0	0	7	6	0	0	0	0	0	93	80	74	0,0001
Nauclea diderrichii (De Wild. & T. Durand)	**0**	**0**	**0**	**7**	**6**	**0**	**0**	**0**	**0**	**0**	**93**	**80**	**74**	**0,0001**
Ocimum gratissimum L.	0	0	0	0	0	0	0	0	0	0	100	60	60	0,0003
Morelia senegalensis A. Rich. ex DC.	0	0	0	9	6	1	0	0	0	0	91	60	54	0,0011
Rauvolfia vomitoria Afzel.	0	0	0	0	0	0	0	0	0	0	100	20	20	0,0799
Trilepisium madagascariensis DC.	0	0	0	0	0	0	0	0	0	0	100	20	20	0,0799

ANNEXE VIII : Coordonnées géographiques des placeaux

N°	Placeaux	Longitude X	Latitude Y	N°	Placeaux	Longitude X	Latitude Y
1	Gni 1	443094	765456	43	Va 11	442827	738727
2	Gni 2	443096	765468	44	Va 9	442819	738808
3	Get 12	438599	731424	45	Get 14	438564	731302
4	Get 13	438600	731421	46	Kpa 13	441260	723442
5	Get 9	438603	731420	47	Kpin 2	441017	748597
6	Kpa 10	438614	731418	48	Kpin 3	440983	748642
7	Kpa 11	441297	723515	49	Wes 1	449597	727916
8	Kpin 14	441299	723515	50	Get 6	438549	731284
9	Kpin 16	440765	748656	51	Get 7	438545	731278
10	Kpin 18	440694	748802	52	Kod 2	450358	717875
11	Kpin 19	440693	748804	53	Kod 3	450356	717875
12	Kpin 20	440886	748756	54	Kpa 21	441258	723438
13	Sil 06	440699	758000	55	Kpa 22	441251	723422
14	Get 15	438617	731411	56	Kpa 5	441246	723407
15	Kins 1	442347	740213	57	Kpa 6	441239	723401
16	Kpa 14	441303	723518	58	Kpin 10	441299	723523
17	Kpa 15	441288	723514	59	Kpin 5	440877	748694
18	Kpa 16	441289	723506	60	Kpin 09	440731	748887
19	Kpin 4	441164	748505	61	Sil 02	440712	757956
20	Get 11	438613	731382	62	Sil 03	440709	757990
21	Get 3	438612	731361	63	Va 12	442783	738697
22	Gbé 22	442943	765616	64	Va 13	442761	738801
23	Kpa 2	441283	723492	65	Va 3	442884	738693
24	Kpa 17	441282	723491	66	Va 4	442862	738794
25	Kpa 18	441278	723483	67	Va 5	442869	738851
26	Kpin 6	441158	748417	68	Va 6	442821	738842
27	Get 4	438605	731348	69	Get 8	438542	731273
28	Get 5	438597	731334	70	Kpa 7	441235	723407
29	Kpa 19	438592	731328	71	Sil 4	440703	758009
30	Kpa 20	441269	723469	72	Sil 05	440710	757966
31	Kpa 4	441267	723457	73	Kpa 3	441234	723408
32	Kpin 7	441059	748534	74	Kpa 1	441234	723407
33	Sil 01	440712	757955	75	Sak 1	442554	739449
34	Va 1	442761	738657	76	Kpin 8	440755	748659
35	Va 2	442757	738658	77	Va 7	442792	738848
36	Va 8	442762	738682	78	Aïza 2	439839	732935
37	Get 10	438581	731320	79	Dat 1	450051	729497
38	Kpa 8	441267	723456	80	Dan 5	440075	732672
39	Kpa 9	441260	723444	81	Aïza 1	439845	764376
40	Sil 7	440708	757958	82	Dan 6	440083	732665

N°	Placeaux	Longitude X	Latitude Y	N°	Placeaux	Longitude X	Latitude Y
41	Sil 8	440710	757981	83	Dan 2	440072	732668
42	Va 10	442838	738691	84	Dat 4	450066	729469
N°	Placeaux	Longitude X	Latitude Y	N°	Placeaux	Longitude X	Latitude Y
85	Dan 9	440085	732680	127	Aiz 01	439839	764423
86	Get 1	438536	731263	128	Aiz 02	439810	764427
87	Dan 10	440102	732699	129	Ba 1	448850	722800
88	Bo 1	441773	741885	130	Kpin 02	440770	749084
89	Dan 11	440107	732711	131	Kpin 7	440741	748888
90	Bo 2	441773	741885	132	Kpin 9	440694	748805
91	Get 2	438546	731273	133	Lo AZ1	450402	740152
92	Ba 4	449150	723311	134	Lo H1	450302	738774
93	Gbé 16	442898	765560	135	Lo H2	450319	738746
94	Bo 4	441800	741850	136	Gnin 01	447361	730061
95	Dan 12	440106	732734	137	Va 01	442757	738658
96	Ba 5	449151	723229	138	Va 02	442818	738659
97	Dan 13	440105	732740	139	Sil 1	449237	727882
98	Dan 14	440040	732745	140	Sil 2	449215	727926
99	Dan 3	440047	732743	141	Sil 3	449227	727998
100	Lok 1	450776	724332	142	Sil 5	449259	728083
101	Djo 1	440871	757586	143	Sil 6	449264	728022
102	Wan 1	452455	721667	144	Get 12	438443	731127
103	Dan 4	440042	732761	145	Get 13	438453	731385
104	Djo 2	440871	757586	146	Get 14	438462	731426
105	Djo 3	440871	757586	147	Get 3	438398	731601
106	Djo 4	440871	757586	148	Get 4	438469	731530
107	Dan 8	439949	732789	149	Kpa 10	441320	723715
108	Dat 3	450091	729494	150	Kpa 12	441279	723678
109	Ba 2	449000	723000	151	Kpa 13	441293	723640
110	Ba 3	449180	723050	152	Kpa 14	441334	723576
111	Ba1	449180	723050	153	Kpa 15	441343	723549
112	Ba 6	449180	723050	154	Kpa 16	441314	723501
113	Ba 10	449180	723050	155	Kpa 20	441220	723243
114	Dan 1	439928	732892	156	Kpa 21	441307	723186
115	Gna 5	434921	764385	157	Kpa 5	441427	723434
116	Hlè 01	440155	732196	158	Kpa 6	441450	723499
117	Hlè 05	440214	732046	159	Kpa 9	441371	723701
118	Kpa 18	441221	723331	160	Dan 7	439886	732621
119	Kpin 01	440896	748756	161	Dan 11	439809	732757
120	Kpin 03	440770	748729	162	Gbé 17	442972	765565
121	Kpin 06	440482	748682	163	Dan 2	439990	732763
122	Kpin 07	440540	748530	164	Dan 9	439795	732632
123	Kpi 04	439008	732186	165	Hlè3	440140	732116
124	Sak 01	442554	739457	166	Hlè4	440200	732084

N°	Placeaux	Longitude X	Latitude Y	N°	Placeaux	Longitude X	Latitude Y
125	Sil 07	449279	727983	167	Hlè5	440214	732046
126	Wan 01	452449	721722	168	Gbé 8	442892	765177
N°	Placeaux	Longitude X	Latitude Y				
169	Gbé 28	443255	765795				
170	Gbé 18	442950	765498				
171	Gbé 21	443031	765612				
172	Dan 13	439876	732850				
173	Kpin 08	440765	748666				
174	Gbé 23	443011	765706				
175	Gbé 24	443033	765813				
176	Ba 02	449000	723010				
177	Ba 05	449151	723129				
178	Djo 01	440885	757601				
179	Lo Sa 02	440748	757826				
180	Lo Da 3	325850	768077				
181	Dat 03	450091	729494				
182	Dat 2	450075	729523				
183	Lo AZ 1	450402	740152				
184	Lo H1	450302	738774				
185	Lo H2	450319	738746				
186	Lo Ag 1	444960	763630				
187	Lo Ag 02	444954	763594				
188	Gbé 15	442883	765492				
189	Ba 03	449050	723121				

ANNEXE IX : Liste des affections traitées par les plantes recensées dans les forêts sacrées et communautaires de la basse vallée de l'Ouémé

Différentes maladies	Nom local	Nom scientifique	Maladie traitée	Organe utilisés	Mode de préparation	Forme d'utilisation	Posologie
Erythème fessiers	Ahouanhazoun	*Agelaea obliqua*	Erythèmes fessiers	Feuille	Décoction	Bain et voie	2 fois par jour
	Adonta	*Anchomanes difformis*	Erythèmes fessiers	Racine	Décoction	orale bain	Prise continuelle
	Akanmiin	*Alchornea cordifolia*	Erythèmes fessiers	feuille morte	Décoction	Bain	3 fois par jour
Toux	Awla	*Ficus exasperata*	Toux	Feuille	Décoction	Voie orale	3fois par jour
	Adjolobo	*Cola laurifolia*	Toux	Ecorce	Décoction	Voie orale	3fois par jour
	Loudou	*Trichilia megalanta*	Toux	Ecorce	Décoction	Voie orale	2 fois par jour
	Loudou	*Trichilia megalanta*	Toux	Racine	Décoction	Voie orale	Non spécifié
Croissance rapide	Agbodè	*Teclea verdoorniana*	Croissance rapide des bébés	Ecorce	Décoction	Bain	2 fois par jour
	Honwoué	*Microdesmis puberula*	Croissance rapide des bébés	Ecorce	Décoction	Bain	2 fois par jour
	Atahouwé	*Celtis philippensis*	Croissance rapide des bébés	Ecorce	Décoction	Bain	2 fois par jour
	Azonvivowé	*Chrysophyllum albidum*		Feuilles	Pulvérisation	Voie orale	1 Cuillère à café chaque fois
	Azonvivowé	*Chrysophyllum albidum*		Ecorce	Décoction	Voie orale	3fois par jour
	Azonvivowé	*Chrysophyllum albidum*	Maux de ventre	Feuilles et racines	non spécifié	Voie orale	3fois par jour toutes les 3 heures
Maux de ventre	Aklaka	*Pouteria alnifolia*	Maux de ventre	Ecorce	Décoction	voie orale	3 fois par jour
	Agnanpoé	*Dracaena arborea*	Maux de ventre	Ecorce	Décoction	voie orale	Non spécifié
	Agbodé	*Teclea verdoorniana*	Maux de ventre	Feuille	Non spécifié	Gargarisme	Non spécifié
	Agbodé	*Teclea verdoorniana*	Maux de ventre	Ecorce	Décoction	voie orale	3 fois par jour
	Désélé	*Newbouldia laevis*	Maux de ventre	Ecorce	Décoction	voie orale	2 fois par jour
	Adonta	*Anchomanes difformis*	Maux de ventre	Racine	Décoction	voie orale	3 fois par jour
	Atafo	*Anthocleista djalonensis*	Maux de ventre	Racine	Décoction	voie orale	2 fois par jour
	Zoukpatin	*Afzelia africana*	Maux de ventre	Ecorce	Décoction	voie orale	Non spécifié
	Gowé	*Napoleonaea vogelii*	Maux de ventre	Racine	Décoction	voie orale	3 fois par jour

195

	Hongla	Bridelia ferruginea	Maux de ventre	Feuille	Décoction	voie orale	Non spécifié
	Agananlissé	Aphania senegalensis	Maux de ventre	porche de fruits	pulvérisation	voie orale	1 cuillère à café jusqu'à la guérison
Diarrrhée	Awla	Ficus exasperata	Diarrhée	Feuille	Infusion	voie orale	Non spécifié
	Agnankpoé	Dracaena arborea	Diarrhée	Décoction	Décoration	voie orale	4 fois
Angine	Azonglakui	Pachystela brevipes	Angine	jeune feuille	Infusion	voie orale	3 fois par jour
	Agnankpoé	Dracaena arborea	Angine	Feuille	Non spécifié	voie orale	tous les matins
	Mignonmahoui	cordia senegalensis	Anémié	Feuille	Décoction	Bain	3 fois par jour
	Azin	Ficus mucuso	Anémié	Feuille	Non spécifié	voie orale	3 fois par jour
Anémié	Agnankpoé	Dracaena arborea	Anémié	Feuille	Infusion	voie orale	2fois par jour
varicelle	Yinsikin	Momordica charantia	Varicelle	Feuille	Infusion	Bain	3 Fois par jour
vertige	Détin	Elaeis guineensis	vertige	Racine	Non spécifié	Bain	3 fois par jour
Fièvre jaune	Yinsikin	Momordica charantia	Fièvre jaune	Feuille	Infusion	voie orale	Non spécifié
Fièvre	Kpatramadou	Sorindeia warneckei	Fièvre	racine et feuille	Décoction	voie orale	3 fois par jour
	Azonvivoé	Chrysophyllum albidum	Fièvre	Feuille	Non spécifié	voie orale	tous les jour
	Ahouanhazou	Agelaea obliqua	Fièvre	Feuille	Macération	voie orale	2fois par jour
	Assonsoé	Dialium guineense	Fièvre	Ecorce	Décoction	voie orale	3 fois par jour
	Lèbo	Ficus sur	Fièvre	Ecorce	Décoction	voie orale	3 fois par jour
	Loudou	Trichilia megalanta	Fièvre	Ecorce	Décoction	voie orale	3 fois par jour
	Gotun	Anthocleista vogelii	Fièvre	Feuille	Décoction	voie orale	3 fois par jour
	Handjama	Psychotria vogeliana	Fièvre	Feuille	Décoction	voie orale	2 fois par jour
Abcès	Tchivi	Trichilia prieureana	Abcès	Feuille	Infusion	Cataplasme	jusqu'à guérison
	Yinsikin	Momordica charantia	Abcès	Feuille	Infusion	Bain	Non spécifié
Céphalées	Agnankpoé	Dracaena arborea	Maux de tête	Racine	Décoction	voie orale	Toute la journée
	Tchivi	Trichilia prieureana	Maux de tête	Feuille	Infusion	Bain de tête	jusqu'à guérison
	Yinsikin	Momordica charantia	Maux de tête	Feuille	Infusion	voie orale	et bain Non spécifié

	Azonglakui	Pachystela brevipes	Maux de tête	Feuille	Infusion	Bain de tête	Tous les matins
Tuberculose	Awla	Ficus exasperata	Tuberculose	Ecorce	Décoction	voie orale	4 fois par jours
	Aklaca	Pouteria alnifolia	Tuberculose	Feuille	Non spécifié	Non spécifié	Non spécifié
	Azonvivowé	Chrysophyllum albidum	Menstruation	Ecorce	Décoction	voie orale	2 fois par jour
	Ahouanhazou	Agelaea obliqua	Menstruation	Feuille	Macération	voie orale	1 verre bambou tôt le matin
	Ièlè	Rauvolfia vomitoria	Régularise le cycle de la femme	Feuille	Infusion	voie orale	3 Fois par jour
Métrorragie	Ièlè	Rauvolfia vomitoria	Menstruation	Racine	Décoction	voie orale	3 fois par jour
	Godjètomadassa	Diospyros monbuttensis	Règle douloureuse	Ecorce	Pulvérisation	Scarification	Non spécifié
	Houtin	Cola gigantea	Règle douloureuse	Feuille sèche	Pulvérisation	Non spécifié	Non spécifié
	Tchivi	Trichilia prieureana	Paludisme	Feuille	Décoction	Bain	2 fois par jour
	Lissè	Blighia sapida	Paludisme	Feuille	Décoction	voie orale	tous les matins
	Kpatramadou	Sorindeia warneckei	Paludisme	Feuille	Décoction	voie orale	3 fois par jour
	Déselé	Newbouldia laevis	Paludisme	Feuille	Infusion	voie orale	2 fois par jour
	Kpatin akikon	Spondias mombin	Paludisme	Ecorce	Décoction	Bain	Tous les jours
Paludisme	Yêdê	Albizia glaberrima	Paludisme	Ecorce	Décoction	Bain de tête	Dans la journée
	Houinsé	Morinda lucida	Paludisme	Feuille	Infusion	voie orale	3 fois par jour
	Kininima	Azadirachta indica	Paludisme	jeune feuille	Infusion	voie orale	2 fois par jour
	Agbohessi	Morinda lucida	Paludisme	Racine	Décoction	voie orale	3 fois par jour
	Yêdê	Albizia glaberrima	Paludisme	Ecorce	Décoction	Bain	Non spécifié
		Bambusa vulgaris	Paludisme	Feuille	Décoction	voie orale	3 fois par jour
Hernie	Kozounka	Adenia cissampeloide	Hernie	Tiges feuillées	Décoction	voie orale	2 fois par jour
	Kpatin akikon	Spondias mombin	Hernie	Feuille	Pulvérisation	Non spécifié	Non spécifié
Ulcère gastique	Assossoé	Dialium guineense	Ulcère	Racine	Alcoolature	voie orale	Avant le repos
Enurésie	Mitin	Olax subscorpioidea	Urine au lit	Racine	Non spécifié	Gargarisme	Non spécifié
	Ganxotin	Lecaniodiscus cupanioides	Urine au lit	Ecorce	Non spécifié	Gargarisme	Tous les soirs

Catégorie	Nom local	Nom scientifique	Indication	Partie	Préparation	Mode	Posologie
Purification	Déselé	Newbouldia laevis	Purification	Feuille	Infusion	Bain	1 fois
	Déselé	Newbouldia laevis	Purification	Feuille	Infusion	voie orale	9 fois pour les hommes et 7 fois pour les femmes
Schistosomiase	Gotun	Anthocleista vogelii	Déparasitant	Ecorce	Décoction	voie orale	1 fois par jour/Matin
	Djètin	Chassalia kolly	Déparasitant	Racine	Décoction	voie orale	2 fois par jour
	Gouho	Antiaris toxicaria	Contre stérilité feminime	Ecorce	Non spécifié	voie orale	Non spécifié
	Djètin	Chassalia kolly	Contre stérilité feminime	Racine	Décoction	voie orale	2 fois par jour
Stérilité/grossesse	Gbolé	Vernonia colorata	Grossesse	Ecorce et Racine	Pulvérisation	voie orale	Non spécifié
Durcit les os des enfants	Ganxotin	Lecaniodiscus cupanioides	Durcit les os des enfants	Racine	Décoction	Bain	1 fois par jour
	Vanvini	Pierreodendron kerstingii	Durcit le corps des enfants	Ecorce	Décoction	Bain	1 fois par jour
	Honwoué	Microdesmis puberula	Durcit les os des enfants	Feuille	Décoction	Bain	2 fois par jour
	Zindonin	Dichapetalum madagascariense	Durcit les os des enfants	Feuille	Décoction	voie orale	2 fois par jour matin et soir
	Ahouanhazou	Agelaea obliqua	Durcit les os des enfants	Feuille	Décoction	voie orale	2 fois par jour matin et soir
	Akoëkpatin		Panaris	Séve	Non spécifié	Cataplasme	3 Fois par jour jusqu'à guérison totale
Panaris	Gouho	Antiaris toxicaria	Panaris	Ecorce	Infusion	Non spécifié	1 verre après chaque repas
	Fontin	Vitex doniana	Hémorroïde	Ecorce	Décoction	voie orale	tous les matins dans la bouillie
	Houé	Triplochiton scleroxylon	Hémorroïde	Feuille	Pulvérisation	voie orale	Non spécifié
	Gbolé	Vernonia colorata	Hémorroïde	Ecorce et Racine	Pulvérisation	voie orale	2 cuillères à café par jour
	Awla	Ficus exasperata	Hémorroïde	Feuille	Pulvérisation	voie orale	2 fois par jour
Hémorroïdes	Alovê	Ouratea glaberrima	Mauvaise haleine	Tige	Brosse végétale	voie orale	tous les matins dans la bouillie
	Zounkpatin	Lannea nigritana	Mauvaise haleine	Ecorce	Non spécifié	Gargarisme	Non spécifié
	Zounkpatin	Lannea nigritana	plaies	Ecorce	Non spécifié	Gargarisme	Non spécifié
Blessure dela bouche	Houngla	Bridelia ferruginea	plaies de la bouche	Ecorce	Décoction	voie orale	4 verres talokpêmi par

198

							jour
Odontalgie	Kpatramadou	*Sorindeia warneckei*	plaies de la bouche	Racine	Décoction	voie orale	3 fois par jour
	Tolohouiwin	*Antidesma venosum*	Maux de dents	Racine	Décoction	Gargarisme	Après chaque repas
Syndrome d'éruption des dents	Azonglakui	*Pachystela brevipes*	Dentition des enfants	Racine	Décoction	voie orale	Tous les jours
Asthénie	Kinsouhouihoui trinmonmangbo	*Ouratea affinis*	Fatigue	Ecorce	Décoction	Bain	Tous les soirs
	Honwoué	*Microdesmis puberula*	Fatigue	Ecorce	Décoction	Bain	2 fois par jour
	Houinsé	*Morinda lucida*	Faiblesse	Ecorce	Infusion	voie orale	3 fois par jour
	Lèlè	*Rauvolfia vomitoria*	Remontant sexuel	Racine	Pulvérisation	Non spécifié	Avant l'acte
Asthénie sexuelle	Toflo	*Sterculia tragacantha*	Faiblesse sexuelle	jeune feuille	Infusion	voie orale	Non spécifié
	Ganxotin	*Lecaniodiscus cupanioides*	Faiblesse sexuelle	Racine	Alcoolature	voie orale	1 Verre chaque soir
Cicatrice des blessures	Kpétin	*Celtis integrifolia*	Cicatrise les blessures	jeune feuille	Non spécifié	Cataplasme	Non spécifié
	Mignonmahoui	*Cordia senegalensis*	Cicatrise les brulures	Feuille	Décoction	Bain	Non spécifié
Rhumatisme	Mitin	*Olax subscorpioidea*	Rhumatisme	Feuille	Infusion	voie orale	2 fois par jour
Avortement	Godjètomadassa	*Diospyros monbuttensis*	Avortement	Tige	Non spécifié	Entré principale de la porte	Non spécifié

ANNEXE X : QUESTIONNAIRES servant de GUIDE D'ENTRETIEN

Facteurs de dégradations des forêts sacrées et communautaires

(Chefs de terre, chefs féticheurs, chefs coutumiers, guérisseurs traditionnels, gardiens de forêts et autres personnes ressources)

GUIDE D'ENTRETIEN

A- Identité

Nom et prénoms :

Age :

Religion :

Ethnie :

1- Quel est le nom de la forêt sacrée ou communautaire qui est sous votre autorité?...................................

2- Quelle est sa superficie ?...

3- Quelle est sa fonction principale ?...

4- Il y a combien de forêts sacrées dans votre commune ?...

5- Comment est- elle devenue sacrée?..

6- Qui fait le choix ? ....

7- Après avoir sacralisé les forêts qui sont ceux qui y accèdent ?..

8- Pouvez-vous nous dire ce qui est sacré dans cette forêt ?...

9- Est-ce que tous les arbres ont pour vous la même importance religieuse ?................................

10- Citez les arbres qui ont la réputation d'incarner des divinités.

11- Quelles sont les divinités caractéristiques de l'ethnie prédominante de la basse vallée de l'Ouémè?........

12- Quelle est l'histoire de ces communes?..

13- Existe-t-il un lien entre l'historique de ces communes et la ou les forêts sacrés ou communautaires?.....

14- Quels sont les différents prélèvements autorisés au niveau de cette forêt ?..............................

15- Quelles sont les procédures pour faire ces prélèvements?..

16- En dehors de ces prélèvements, cette forêt procure t-elle d'autres bienfaits à la population ?....................

17- La forêt sacrée ou communautaire connaît –elle une réduction?...

18- Quelles sont les causes?...

19- Quelles sont les sanctions à l'égard des contrevenants?..

20- Citez des cas concrets : ....

21- Les sanctions sont-elles efficaces ?..

22- Pour mettre fin à la réduction en superficies des forêts sacrées et communautaires pensez- vous qu'une délimitation des forêts en réalisant une bande plantée d'arbres serait respectée par les riverains ?......................

23- Avec quels types d'arbres?...

24- Pourquoi ?...

25- Pensez- vous que la réalisation de pare-feu à l'approche des saisons sèches peut préserver ces forêts contre les feux de brousse?..

26- Quelles autres mesures souhaitez- vous pour protéger ces forêts ?...

27- Quelles sont les causes de la non application de ces mesures ?...

28- Comment pensez-vous protéger ou conserver votre forêt ?...

29- Quelles espèces végétales désirez- vous pour l'enrichissement ?..

30- Accepteriez- vous que les touristes viennent visiter vos forêts sacrées et communautaires ?....................

31- Oui - A quelles conditions ?...

32- Non- pourquoi?...

33- Accepterez- vous mettre en association avec les chefs traditionnels des autres communes et villages pour mieux gérer vos forêts?...

34- Désirez- vous que l'État béninois prenne une loi pour garantir votre propriété sur vos forêts sacrées et communautaires?...

35- Quelle est l'attitude de la jeunesse face à ces forêts?...

36- Y- a- t-il des jeunes initiés pour prendre la relève ?..

37- Oui.........Non...

38- Lettré......................Illettré...

39- Quelle partie ou organe de ces arbres paraît pour vous très important ?....................................

40- Fonction des différents fétiches ?..

41- Bonheur.......Malheur.........................Protection...

42- Les femmes sont-elles autorisées à accéder aux forêts sacrées ou communautaires ?..............................

Questionnaires aux adeptes des nouvelles religions

A- Identité

Nom et prénoms :

Age :

Sexe:

Religion :

Ethnie :

1- Quelle religion pratiquez – vous ?..

2- Quelle position occupez- vous dans la hiérarchie de votre congrégation?...

3- Connaissez- vous des forêts sacrées ou communautaires ?...

4- Citez- les?...

5- Quels sont les inconvénients de ces forêts pour les populations selon votre religion ?.................................

6- Pensez-vous que les interdits et les tabous traditionnels en vigueurs au niveau de ces forêts méritent-ils d'être respectés de nos jours ? (Votre religion/pratique)..............Oui...............Non..…..

7- Pourquoi ?..

8- Quels sont les conflits liés aux forêts sacrées et communautaires qui opposent les adeptes de votre religion et ceux des religions traditionnelles?..

9- Prélèvement...............Profanation...........................Propriété foncière.............................

10- Comment sont réglés ces conflits ?...

11- Par qui ?...

12- Autorités politico-administratives........Autorités coutumières.............Entre religions..................

13- A l'amiable......................................Autres...

14- Si l'occasion vous était donnée, allez- vous détruire les forêts sacrées et communautaires?.....................

15- Oui...................................Non...

16- Pourquoi ?...

17- Dans le cadre de la protection des ressources, comment appréciez- vous un aménagement de ces forêts?..

18- Types d'aménagement souhaités ?...

19- Protection intégrale...............Enrichissement...............Reboisement................Création de zone tampon ....Ecotourisme.................... Protection par la loi forestière................................

ANNEXE XI : Fiche d'enquête ethnobotanique

Fiche N°/_____/ Date d'enquête /___/___/___/ Enquêteur: _____

1- Identification du village d'enquête

	Réponse
Département	
Commune	
Arrondissement	
Village	

2 – identification de l'enquêté

Nom et prénom		Réponse
Age		
Sexe	1 masculin, 2 féminin	
Ethnie		
Origine	1 autochtone, 2 allochtone	
Statut matrimonial	1 célibataire, 2 marié, 3 veuf/veuve, 4 divorcé (e)	

3 quels sont les arbres qui vous utile dans la forêt sacrée ?
....

4 Exploitez – vous ces espèces végétales ? Oui ☐ on ☐

5 Formes d'utilisation des espèces végétales et évaluation

Forme d'utilisation	Ordre d'importance0 peu utilisé, 1 moyennement utilisé, 2 très utilisé
Médicinale	
Bois de feu	
Bois d'œuvre	
Bois de services	
Alimentaire	
Boisson	
Pâturage	

6 Utilisation des plantes

Noms locaux des plantes utilisées	Noms scientifiques	Noms locales des maladies traitées	Noms français des maladies traitées	Parties utilisées 1 feuille 2 écorces 3 Racines 4 Fruit 5 Fleurs 6 Plantes entières	Fréquence d'utilisation 1Faible utilisé 2 Moyen utilisé 3 Très utilisés	Abondance de l'espèce 0 Disparue 1 Peu abon 2 Abon 3 Très abon	Disponibilité saisonnière 1 S. pluie 2 S. sèche 3 T. saison	Mode de collecte 1 Arrachag 2 Ecorsage 3 Coupe

LISTE DES FIGURES

Figure 1 :   Situation géographique de la zone d'étude 20

Figure 2 :   Diagramme climatique de la station de Adjohoun (1965-2010) 21
Figure 3 :   Représentation en trois dimensions des unités topographiques du secteur d'étude   23
....

Figure 4 :   Formations pédologiques du secteur d'étude 24
Figure 5 :   Réseau hydrographique du secteur d'étude 25
Figure 6 :   Répartition des placeaux dans les forêts sacrées et communautaires 31
Figure 7 :   Dispositif d'échantillonnage dans les forêts sacrées et communautaires 32
Figure 8 :   Modèle d'analyse SWOT 46
Figure 9 :   Dendrogramme des groupes de forêts fétiches 50
Figure 10 :: Profil structural des forêts fétiches de la basse vallée de l'Ouémé 52
Figure 11 :   Spectres bruts et pondérés des types biologiques et des types phytogéographiques du
              groupe de forêts fétiches à *Sorindeia grandifolia* et *Strophanthus hispidus*
              53
Figure 12 :   Spectres des types biologiques et des types phytogéographiques du groupe de forêts   54
              fétiches à *Bombax buonopozense* et *Chassalia kolly* ....
Figure 13 :   Spectres des types biologiques et des types phytogéographiques du groupe à   55
              Carpolobia lutea et *Caloncoba echinata* ....
Figure 14 :   Spectres des types biologiques et des types phytogéographiques du groupe de forêts   56
              fétiches à *Clausena anisata* et *Celtis prantlii*...
Figure 15 :   Spectres des types biologiques et des types phytogéographiques du groupe de forêts   57
              fétiches   à   *Pierreodendron   kerstingii*   et   *Piper   guineense*
              ....
Figure 16 :   Spectres des types biologiques et des types phytogéographiques du groupe de forêts   58
              fétiches   à   *Zanthoxylum   leprieurii*   et   *Triplochiton   scleroxylon*
              ....
Figure 17 :   Spectres des types biologiques et des types phytogéographiques du groupe de forêts   59
              fétiches à *Icacina trichantha* et *Dracaena surculosa*......................................
Figure 18 :   Spectres des types biologiques et des types phytogéographiques du groupe de forêts   60
              fétiches à *Maranthes robusta* et *Mallotus oppositifolius*...................................

Figure 19 :   Dendrogramme des groupes de forêts de société secrètes 61
Figure 20 :   Profil structural des forêts de société secrètes de la basse vallée de l'Ouémé   62
              ....

Figure 21 :   Spectres des types biologiques et des types phytogéographiques du groupe de forêts de 63
              société secrètes à *Acacia erythrocalyx* et *Milicia excelsa* ....
Figure 22 :   Spectres des types biologiques et des types phytogéographiques du groupe de forêts de 64
              société secrètes à *Caloncoba echinata* et *Bombax buonopozense* ....
Figure 23 :   Dendrogramme des relevés réalisés dans les forêts communautaires 66
Figure 24 :   Profil structural des forêts communautaires de la basse vallée de l'Ouémé 68
Figure 25 :   Spectres des types biologiques et des types phytogéographiques du groupe de forêts   69
              communautaires à *Celtis zenkeri* et *Trichilia prieureana* ....
Figure 26 :   Spectres des types biologiques et des types phytogéographiques du groupe de forêts   70
              communautaires à *Tabernaemontana pachysiphon* et *Calycobolus africanus* ....
Figure 27 :   Spectres des types biologiques et des types phytogéographiques du groupe de forêts   71
              communautaires à *Baissea zygodioides* et *Caloncoba echinata* ....
Figure 28 :   Spectres des types biologiques et des types phytogéographiques du groupe de forêts   72
              communautaires à *Triplochiton scleroxylon* et *Zanthoxylum leprieurii* ....
Figure 29 :   Spectres des types biologiques et des types phytogéographiques du groupe de forêts   73
              communautaires   à   *Nesogordonia   kabingaensis*   et   *Nauclea   diderrichii*
              ....

Figure 30 :   Structure en diamètre des individus du groupe de forêts fétiches à *Sorindeia*   75
              grandifolia et *Strophanthus hispidus*..
Figure 31 :   Structure en diamètre des individus du groupe de forêts fétiches à *Bombax*   76
              buonopozense et *Chassalia kolly*...
Figure 32 :   Structure en diamètre des individus du groupe à *Carpolobia lutea* et *Caloncoba*   77
              echinata...

Figure 33 :   Structure en diamètre des individus du groupe de forêts fétiches à *Clausena anisata* et   78
Celtis prantlii..

Figure 34 :   Structure en diamètre des individus du groupe à *Pierreodendron kerstingii* et *Piper*   79
guineense..

Figure 35 :   Structure en diamètre des individus du groupe de forêt fétiches à *Zanthoxylum*   80
leprieurii et *Triplochiton scleroxylon*...

Figure 36 :   Structure en diamètre des individus du groupe de forêts fétiches à *Icacina trichantha*   81
et *Dracaena surculosa*...

Figure 37 :   Structure en diamètre des individus du groupe de forêts fétiches à *Maranthes robusta*   82
et *Mallotus oppositifolius*..

Figure 38 :   Structure en diamètre des individus du groupe de forêts de société secrètes à *Acacia*   84
erythrocalyx et *Milicia excelsa*..

Figure 39 :   Structure en diamètre des individus du groupe de forêts de société secrètes à   85
Caloncoba echinata et *Bombax buonopozense* ....

Figure 40 :   Structure en diamètre des individus du groupe de forêts communautaires à *Celtis*   86
zenkeri et *Trichilia prieureana*..

Figure 41 :   Structure en diamètre des individus du groupe de forêts communautaires à   87
Tabernaemontana pachysiphon et *Calycobolus africanus*...

Figure 42 :   Structure en diamètre des individus du groupe de forêts communautaires à *Baissea*   88
zygodioides et *Caloncoba echinata*..

Figure 43 :   Structure en diamètre des individus du groupe de forêts communautaires à   89
Triplochiton scleroxylon et *Zanthoxylum leprieurii*

Figure 44 :   Structure en diamètre des individus du groupe de forêts communautaires à   90
Nesogordonia kabingaensis et *Nauclea diderrichii* ....

Figure 45 :   Classification des facteurs directs de dégradation par ordre d'importance   92

Figure 46 :   Répartition des forêts à fétiche rigoureux   95

Figure 47 :   Répartition des forêts à fétiche tolérant   97

Figure 48 :   Types de religions identifiées   99

Figure 49 :   Forêts à comité de gestion   101

Figure 50 :   Evolution de la population en 1979 et 2010   102

Figure 51 :   Evolution des unités d'occupation   107

Figure 52 :   État des unités d'occupation du sol, des forêts sacrées et communautaires en 1986   110
....

Figure 53 :   État des forêts sacrées et communautaires en 2000   112

Figure 54 :   État des forêts sacrées et communautaires en 2012   114

Figure 55 :   Evolution des forêts sacrées et communautaires   116

Figure 56 :   Familles les plus dominantes   120

Figure 57 :   Catégories d'usage des espèces végétales   121

Figure 58 :   Fréquence des espèces les plus utilisées en pharmacopée traditionnelle...................   122

Figure 59 :   Fréquence d'utilisation des organes   123

Figure 60 :   Technique de prélèvement des organes de plantes   125

Figure 61 :   Modes de préparation des plantes   126

Figure 62 :   Mode d'administration   127

Figure 63 :   Nombre moyen d'espèces par type d'usage selon les groupes socioculturels   128

Figure 64 :   Valeurs d'usages des espèces les plus utilisées par les populations   129

Figure 65 :   Choix des forêts selon les ethnies   123

Figure 66 :   Répartition des fétiches dans les forêts   135

Figure 67 :   Modèle d'analyse des résultats à l'aide de SWOT   140

LISTE DES TABLEAUX

Tableau I :	Répartition des forêts par taille et par fonction	29
Tableau II :	Statut et superficie des forêts étudiées	30
Tableau III :	Répartition des enquêtés par catégories	40
Tableau IV:	Répartition des groupes socioculturels enquêtés	43
Tableau V :	Indice de similitude de Jaccard des groupes de forêts fétiches	51
Tableau VI :	Corrélation de Pearson et de probabilité de signification entre les paramètres écologiques	60
Tableau VII :	Corrélation de Pearson et probabilité de signification entre les paramètres écologiques	65
Tableau VIII :	Indice de similitude de Jaccard des groupes de forêts communautaires	67
Tableau IX :	Corrélation de Pearson et probabilité de signification entre les paramètres écologiques	73
Tableau X :	Corrélation de Pearson et probabilité de signification entre les paramètres dendrométriques	83
Tableau XI :	Corrélation de Pearson et probabilité de signification entre les paramètres dendrométriques	86
Tableau XII :	Corrélation de Pearson et Probabilité de signification entre les paramètres dendrométriques	91
Tableau XIII :	Croisement par paire à Adjohoun et Aguégués	93
Tableau XIV :	Croisement par paire à Bonou et Dangbo	94
Tableau XV :	Evolution des unités d'état de surface entre 1986 et 2012	18
Tableau XVI :	Evolution des forêts sacrées et communautaires entre 1986 et 2012	117
Tableau XVII :	Valeurs d'usages (UVs) et d'abondances (AVs) des espèces par groupes socioculturels : coefficient de corrélation (r) et valeurs de probabilités (Prob.)	131
Tableau XVIII :	Liste des espèces rares au Bénin recensées dans les forêts sacrées et communautaires de la basse vallée de l'Ouémé	132

LISTE DES PHOTOS

Photo 1 :	Des billes de *Ceiba pentandra* coupées dans la forêt sacrée de Bohoézoun à Adjohoun	99
Photo 2 :	Souche et bille de *Ceiba pentandra* coupée à la tronçonneuse dans la forêt sacrée de Bohoézoun à Adjohoun	99
Photo 3 :	Forêt sacrée de Kingbézoun fortement dégradée par les champs dans la Commune de Adjohoun	103
Photo 4 :	Forêt sacrée de silicozoun fortement dégradée suite à la construction du Complexe scolaire d'Akpamè dans la Commune de Dangbo	103
Photo 5 :	Domaine de la forêt sacrée de Gninzoun dans la Commune de Dangbo	105
Photo 6 :	Un pied de *Cola gigantea* écorcé dans la forêt sacrée de Silicozoun à Akpamé.	124
Photo 7 :	Un pied de *Newbouldia laevis* dépourvu de ses racines secondaires dans la forêt communautaire de Gnanhouizoun à Bonou	124
Photo 8 :	Un marché de vente d'organes de plantes à Dangbo	125
Photo9 :	Vente d'organes de plantes dans une maison à Adjohoun	125
Photo 10 :	Un pied de *Antiaris toxicaria* dans la forêt ''Oro'' à Atchabita	130
Photo 11 :	*Dialium guineense dans la forêt* communautaire de Wansiclouzoun à Adjohoun	130
Photo 12 :	Madriers de *Milicia excelsa* à Bonou	130
Photo 13 :	Tam- tams et autres objets d'arts à Adjohoun	130
Photo 14 :	Divinité Lègba sous un pied de *Newbouldia leavis* dans la forêt sacrée de Aizanzoun dans la Commune de Bonou	134

LISTE DES PLANCHES

Planche 1 :	Représentation symbolique des fétiches dans les forêts sacrées de la basse vallée de l'Ouémé..	136

LISTE DES ENCADRES

Encadré 1 :	Déclaration d'un sage élu local quant au respect des interdits dans le passé	138

TABLE DES MATIÈRES

	SOMMAIRE	2
	SIGLES ET ABRÉVIATIONS	3
	DÉDICACE	4
	REMERCIEMENTS	5
	RÉSUMÉ	7
	ABSTRACT	8
	INTRODUCTION GÉNÉRALE	9
	PREMIÈRE PARTIE : CADRE THÈORIQUE, MILIEU D'ÈTUDE ET APPROCHE METHODOLOGIQUE	12
	CHAPITRE I : CADRE THÈORIQUE	13
1.1	Problématique	13
1.2	Hypothèses et questions de recherche liées aux OS	15
1.3	Objectifs	16
1.3.1	Objectif général	16
1.3.2	Objectifs spécifiques	16
1.4	Définitions opératoires	16
	CHAPITRE II : MILIEU D'ÈTUDE	19
2.1	Situation géographique de la zone d'étude	19
2.2	Milieu physique	20
2.2.1	Données climatiques	20
2.2.2	Relief	22
2.2.3	Données pédologique	23
2.2.4	Hydrographie	24
2.2.5.	Végétation	26
2.2.6	Aspects humains et économiques	26
	CHAPITRE III : APPROCHE MÉTHODOLOGIQUE	28
3.1	Recherche documentaire	28
3.2	Étude des paramètres écologiques et dendrométriques des forêts sacrées et communautaires de la basse vallée de l'Ouémé	28
3.2.1	Paramètres écologiques et dendrométriques des groupes de forêts sacrées et communautaires	28
3.2.1.2	Méthode de relevés phytosociologiques	32
3.2.1.3	Méthode de traitement des données phytosociologiques	33
3.2.1.3.1	Ordination des relevés	33
3.2.1.3.2	Données dendrométriques	34
3.2.1.3.3	Spectres biologiques	34
3.2.1.3.4	Spectres phytogéographiques	35
3.2.1.3.5	Diversité spécifique	36
3.2.1.3.6	Données structurales	38
3.3.	Identification des indicateurs de menace et de pression qui pèsent sur la composition floristique des forêts sacrées et communautaires	39
3.3.1.	Perceptions des populations locales sur les déterminants directs et indirects de dégradation des forêts sacrées et communautaires	39
3.3.1.1.	Outils et données collectées liés à la perception des populations locales sur les facteurs de dégradation des espèces végétales des forêts sacrées et communautaires	40
3.3.1.2.	Échantillonnage lié à la perception des populations locales sur les facteurs de dégradation des espèces végétales des forêts sacrées et communautaires	40
3.3.1.3	Technique de collecte des données liées à la perception des populations sur les facteurs de dégradation des espèces végétales des forêts sacrées et communautaires	41
3.3.1.4.	Dynamique des forêts sacrées et communautaires	41
3.3.1.5.	Durée de vie d'une forêt sacrée et communautaire	42
3.3.2.	Traitement des données	42
3.4.	Évaluation des valeurs socioculturelles et économiques accordées aux espèces végétales des forêts sacrées et communautaires de la basse vallée de l'Ouémé.	43
3.4.1.	Méthodes de collecte des données	43
3.4.1.1.	Échantillonnage	43
3.4.1.2..	Technique de collecte des données	44
3.4.1.3.	Méthode de traitement	44
3.4.1.4.	Tests statistiques	45
3.5.	Pour une durabilité des forêts sacrées et communautaires de la vallée de l'Ouémé	46

	Conclusion partielle	47
	DEUXIÈME PARTIE : ÉTUDE DES PARAMÈTRES ÉCOLOGIQUES, DES PARAMÈTRES DENDROMÉTRIQUES ET IDENTIFICATION DES INDICATEURS DE MENACE ET DE PRESSION DES FORÊTS SACRÉES ET COMMUNAUTAIRES....................	48
	CHAPITRE IV : ÉTUDE DES PARAMÈTRES ÉCOLOGIQUE..	49
4.1	Typologie des groupes de forêts de fétiches	49
4.1.1	Degré de similitude des groupes de forêts fétiches	51
4.1.2	Structure verticale des forêts fétiches	51
4.1.3	Description des groupes obtenus dans les forêts fétiches	52
4.1.3.1	Caractéristiques écologiques et floristiques du Groupe de forêts fétiches à *Sorindeia grandifolia* et *Strophanthus hispidus*	52
4.1.3.1.1	Spectres des types biologiques et types phytogéographiques	53
4.1.3.2	Caractéristiques écologiques et floristiques du Groupe des forêts fétiches à *Bombax buonopozense* et *Chassalia kolly*	53
4.1.3.2.1	Spectres des types biologiques et types phytogéographiques	54
4.1.3.3	Caractéristiques écologiques et floristiques du Groupe de forêts fétiches à *Carpolobia lutea* et *Caloncoba echinata*	54
4.1.3.3.1.	Spectres des types biologiques et des types phytogéographiques	55
4.1.3.4.	Caractéristiques écologiques et floristiques du Groupe de forêts fétiches à *Clausena anisata* et *Celtis prantlii*	55
4.1.3.4.1.	Spectre des types biologiques et types phytogéographiques	56
4.1.3.5.	Caractéristiques écologiques et floristiques du Groupe de forêts fétiches à *Pierreodendron kerstingii* et *Piper guineense*	56
4.1.3.5.1.	Spectres des formes de vie et types phytogéographiques	57
4.1.3.6.	Caractéristiques écologiques et floristiques du Groupe de forêts fétiches à *Zanthoxylum leprieurii* et *Triplochiton scleroxylon*	57
4.1.3.6.1.	Spectres des types biologiques et des types phytogéographiques	58
4.1.3.7.	Caractéristiques écologiques et floristiques du Groupe des forêts fétiches à *Icacina trichantha* et *Dracaena surculosa*	58
4.1.3.7.1.	Spectres des types biologiques et types phytogéographiques	59
4.1.3.8	Caractéristiques écologiques et floristiques du Groupe de forêts fétiches à *Maranthes robusta* et *Mallotus oppositifolius*	59
4.1.3.8.1.	Spectres des types biologiques et types phytogéographiques	60
4.2.	Typologie des groupes de forêt de sociétés secrètes	61
4.2.1.	Structure verticale des forêts de société secrètes	61
4.2.2.	Description des groupes obtenus dans les forêts de société secrètes	62
4.2.2.1.	Caractéristiques écologiques et floristiques du Groupe des forêts de société	62
4.2.2.1.1.	Spectres des types biologiques et types phytogéographiques	62
4.2.2.2.	Caractéristiques écologiques et floristiques du Groupe des forêts de société secrètes à *Caloncoba echinata* et *Bombax buonopozense*	63
4.2.2.2.1.	Spectres des types biologiques et des types phytogéographiques	64
4.3.	Typologie des groupes de forêts communautaires	65
4.3.1.	Degré de similitude des groupes de forêts communautaires	66
4.3.2.	Structure verticale des forêts communautaires	67
4.3.3.	Description des groupes obtenus dans les forêts communautaires	68
4.3.3.1.	Caractéristiques écologiques et floristiques du Groupe de forêts communautaires à *Celtis zenkeri* et *Trichilia prieureana*	68
4.3.3.1.1.	Spectres des types biologiques et types phytogéographiques	68
4.3.3.2.	Caractéristiques écologiques et floristiques du Groupe de forêts communautaires à *Tabernaemontana pachysiphon* et *Calycobolus africanus*	69
4.3.3.2.1.	Spectres des types biologiques et types phytogéographiques	69
4.3.3.3.	Caractéristiques écologiques et floristiques du Groupe de forêts communautaires à *Baissea zygodioides* et *Caloncoba echinata*	70
4.3.3.3.1.	Spectres des types biologiques et de types phytogéographiques	70
4.3.3.4.	Caractéristiques écologiques et floristiques du Groupe de forêts communautaires à *Triplochiton scleroxylon* et *Zanthoxylum leprieurii*	71
4.3.3.4.1.	Spectres des types biologiques et types phytogéographiques	71
4.3.3.5	Caractéristiques écologiques et floristiques du Groupe de forêts communautaires à *Nesogordonia kabingaensis* et *Nauclea diderrichii*...	72
4.3.3.5.1.	Spectres des types biologiques et des types phytogéographiques	72
	CHAPITRE V : ÉTUDE DES PARAMÈTRES DENDROMETRIQUES	75
5.1.	Caractéristiques dendrométriques des Groupes de forêts fétiches.............................	75
5.1.1.	Caractéristiques dendrométriques du Groupe de forêts fétiches à *Sorindeia grandifolia* et *Strophanthus*	75

	hispidus	
5.1.2.	Caractéristiques dendrométriques du Groupe de forêts fétiches à *Bombax buonopozense* et *Chassalia kolly*..	76
5.1.3.	Caractéristiques dendrométriques du Groupe de forêts fétiches à *Carpolobia lutea* et *Caloncoba echinata*..	77
5.1.4.	Caractéristiques dendrométriques du Groupe de forêts fétiches à *Clausena anisata* et *Celtis prantlii*	78
5.1.5.	Caractéristiques dendrométriques du Groupe de forêts fétiches à *Pierreodendron kerstingii* et *Piper guineense*...	78
5.1.6.	Caractéristiques dendrométriques du Groupe de forêts fétiches à *Zanthoxylum leprieurii* et *Triplochiton scleroxylon*...	79
5.1.7.	Caractéristiques dendrométriques du Groupe des forêts fétiches à *Icacina trichantha* et *Dracaena surculosa*	80
5.1.8.	Caractéristiques dendrométriques du Groupe de forêts fétiches à *Maranthes robusta* et *Mallotus oppositifolius*...	81
5.2.	Caractéristiques dendrométriques des groupes de forêts de société secrètes...........................	83
5.2.1.	Caractéristiques dendrométriques du Groupe des forêts de société secrètes à *Acacia erythrocalyx* et *Milicia excelsa*...	83
5.2.2.	Caractéristiques dendrométriques du Groupe des forêts de société secrètes à *Caloncoba echinata* et *Bombax buonopozense*..	84
5.3.	Caractéristiques dendrométriques des Groupes de forêts communautaires.............................	86
5.3.1.	Caractéristiques dendrométriques du Groupe de forêts communautaires à *Celtis zenkeri* et *Trichilia prieureana*	86
5.3.2.	Caractéristiques dendrométriques du Groupe de forêts communautaires à *Tabernaemontana pachysiphon* et *Calycobolus africanus*..	87
5.3.3.	Caractéristiques dendrométriques du Groupe de forêts communautaires à *Baissea zygodioides* et *Caloncoba echinata*..	88
5.3.4.	Caractéristiques dendrométriques du Groupe de forêts communautaires à *Triplochiton scleroxylon* et *Zanthoxylum leprieurii*..	89
5.3.5.	Caractéristiques dendrométriques du Groupe de forêts communautaires à *Nesogordonia kabingaensis* et *Nauclea diderrichii*..	90
	CHAPITRE VI : IDENTIFICATION DES INDICATEURS DE PRESSIONS	92
6.1.	Classification des facteurs directs de dégradation	92
6.1.1.	Classification par ordre d'importance	92
6.1.2.	Classification par paire des facteurs directs de la dégradation	93
6.2.	Facteurs indirects de dégradation des forêts sacrées et communautaires de la basse vallée	94
6.2.1.	Type de fétiche	94
6.2.2.	Corruption des chefs traditionnels, cause de la disparition des espèces végétales des forêts sacrées..	98
6.2.3	Prolifération des religions chrétiennes	99
6.2.4.	Fonctionnement des comités de gestion des forêts sacrées et communautaires, source d'exploitation anarchique des ligneux	100
6.2.5.	Croissance démographique, un facteur de la dégradation des forêts sacrées et communautaires	102
6.2.6.	Statut foncier, une menace pour les forêts sacrées et communautaire de la basse vallée de l'Ouémé	104
6.2.7.	Raisons politiques, facteur de disparition des forêts sacrées et communautaires	105
6.3.	Dynamique des unités d'occupation du sol de la basse vallée de l'Ouémé	106
6.3.1.	Dynamique des forêts sacrées et communautaires	109
6.3.1.1.	État des forêts sacrées et communautaires en 1986	109
6.3.1.2.	État des forêts sacrées et communautaires en 2000	111
6.3.1.3.	État des forêts sacrées et communautaires en 2012	113
6.3.1.4.	Évolution de la superficie des forêts sacrées et communautaires de 1986 à 2012	115
6.4.	Durée de vie d'une forêt sacrée et communautaire	118
	Conclusion partielle	118
	TROISIÈME PARTIE : PERSPECTIVES DE DURABILITÉ DES FORÊTS SACRÉES ET COMMUNAUTAIRES..	119
	CHAPITRE VII : ÉVALUATION DES VALEURS SOCIOCULTURELLES ET ÉCONOMIQUES DES ESPÈCES VÉGÉTALES DES FORÊTS SACRÉES ET COMMUNAUTAIRES DE LA BASSE VALLÉE DE L'OUEME	120
7.1.	Diversité des espèces utilisées dans la basse vallée de l'Ouémé	120
7.1.1	Organes utilisés et technique de prélèvement des espèces végétales	123
7.1.1.1.	Organes utilisés	123
7.1.1.2.	Technique de prélèvement	124
7.1.2.	Modes de préparation des organes	126

7.1.3.	Mode d'administration	127
7.1.4.	Catégories d'usage selon les groupes socioculturels	128
7.1.5.	Valeur d'usage des espèces végétales des forêts sacrées et communautaires	128
7.1.5.1	Valeurs d'usage selon chaque groupe socioculturel	129
7.1.6.	Produits issus de ces espèces	130
7.1.7.	Corrélation entre valeur d'usage et d'abondance des espèces	131
7.2.	Importance des forêts sacrées et communautaires pour la conservation de la biodiversité	131
7.3.	Pratiques endogènes	132
7.3.1.	Processus de sacralisation des forêts	132
7.3.2.	Rôle religieux des forêts sacrées	134
7.3.3.	Mode de conservation des forêts	137
	CHAPITRE VIII : POUR UNE DURABILITÉ DES FORÊTS SACRÉES ET COMMUNAUTAIRES	139
8.1.	Modèle d'analyse des résultats à l'aide de SWOT	139
8.2.	Proposition de stratégies pour la conservation des forêts sacrées et communautaires	141
8.2.1.	Vulgarisation du code de 1993 et de la législation forestière, un atout pour la conservation des forêts sacrées et communautaires	141
8.2.2.	Promotion de l'écotourisme, une activité génératrice de revenus	142
8.2.3.	Rôle de l'État central et des collectivités locales	142
8.2.4.	Nouvelle approche de gestion	143
8.2.5.	Rôle des autorités religieuses	144
8.2.6	Gestion des conflits	144
8.2.7.	Lutte contre le manque ou la pénurie des terres de culture face à l'accroissement démographique.....	144
8.2.8	Appui et encadrement techniques des ruraux	145
8.2.9.	Promotion de l'apiculture moderne	145
8.2.10.	Activités à développer pour assurer aux populations des revenus complémentaires	145
	CHAPITRE IX : DISCUSSIONS DES RÉSULTATS...	147
9.1.	Identification des forêts	147
9.2.	Analyse des paramètres écologiques	148
9.2.1.	Diversité spécifique des groupes de forêts	148
9.2.2.	Paramètres dendrométriques des groupes de forêts	151
9.2.3.	Spectres phytogéographiques et biologiques	152
9.3.	Facteurs déterminants de la dégradation des forêts sacrées et communautaires	154
9.4	Valeurs socioéconomiques et culturelles des espèces végétales	156
9.5.	Pertinence de la mise en œuvre des suggestions	160
	Conclusion partielle	161
	CONCLUSION GÉNÉRALE	162
	BIBLIOGRAPHIES	164
	ANNEXES	176
	LISTE DES FIGURES	203
	LISTE DES TABLEAUX	205
	LISTE DES PHOTOS	205
	LISTE DES PLANCHES	205
	LISTE DES ENCADRES	205
	TABLE DES MATIÈRES	206